向前走就对了

郑金庆淑 著
田禾子 译

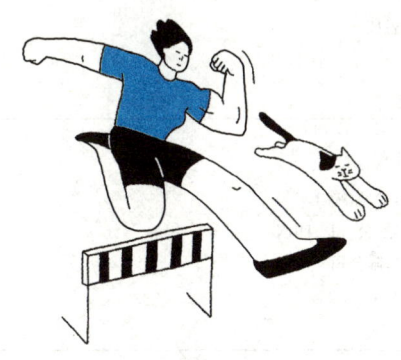

重庆出版集团 重庆出版社

계속 가봅시다 남는 게 체력인데(Let's Keep Going.Lots of Energy to Spare)
Copyright ©2022정김경숙（Lois Kim/郑金庆淑）
All rights reserved.
Simplified Chinese Copyright © 2024by BEIJING ALPHA BOOKs
Simplified Chinese Translation Copyright is arranged with Woongjin Thinkbig Co., Ltd.,
Korea
through CA-LINK International Rights Agency

版贸核渝字（2024）第13号

图书在版编目（CIP）数据

向前走就对了 /（韩）郑金庆淑著；田禾子译.
重庆：重庆出版社，2024. 11. -- ISBN 978-7-229-19049-1

Ⅰ. B848.4-49

中国国家版本馆CIP数据核字第2024ZF0465号

向前走就对了
XIANGQIANZOU JIU DUI LE
郑金庆淑 著 田禾子 译

出　　品： 华章同人
出版监制：徐宪江　连　果
责任编辑：王晓芹
责任校对：朱　姝
营销编辑：史青苗　冯思佳
责任印制：梁善池
装帧设计：魏　敏

重庆出版集团
重庆出版社　出版

（重庆市南岸区南滨路162号1幢）
北京华联印刷有限公司　印刷
重庆出版集团图书发行有限公司　发行
邮购电话：010—85869375
全国新华书店经销

开本：880mm×1230mm　1/32　印张：7.5　字数：138千
2024年11月第1版　2024年11月第1次印刷
定价：52.00元

如有印装质量问题，请致电023-61520678

版权所有，侵权必究

目录

序言 | 致因缓慢成长而焦虑的你 / I
引语 | 都五十岁了还要挑战硅谷的新工作！/ V

第一部分 体力和热情都需要"培养"

第 1 章　与恐水症斗争的漫漫五十年 / 3

第 2 章　重生，成为脱胎换骨的我 / 10

第 3 章　剑道十四年，即便光速落败也要再次出战 / 19

第 4 章　如果想做的事让你感到疲惫的话 / 27

第 5 章　在退缩之前再闯一次 / 37

第 6 章　体力是能"成就"任何事的魔力 / 41

第 7 章　想做的事怎么可能都做完呢？/ 49

第二部分　越学习就越广阔的未来之路

第 8 章　我人生中最糟糕，但也是最棒的失误 / 61

第 9 章　克服冒充者综合征的学习自信 / 69

第 10 章　如果不想让自己只剩下疲倦与枯竭 / 77

第 11 章　学习造就的未来之路 / 85

第 12 章　并不是运气好，而是你做到了！ / 91

第 13 章　谷歌总监的辛酸英语奋斗记 / 97

第 14 章　四十岁开始也可以学好英语的秘诀 / 104

第 15 章　我想吃的是鸡翅啊 / 110

第三部分　重新站起来的力量——建立心灵的核心

第 16 章　总有一天，我也可以吹出声音 / 119

第 17 章　在梦想的珠穆朗玛峰面前，尊严尽失 / 124

第 18 章　从阿尔法围棋对局中学到的 / 132

第 19 章　专业休假人的休息之道 / 139

第 20 章　打造积极气场的特别习惯 / 146

第 21 章　寻找隐藏的1%碎片的旅程 / 152

第 22 章　让公司为你的价值而行动 / 157

第四部分　女性、母亲、领导者——同行之路

第 23 章　没有任何人能提前计划 / 165

第 24 章　遇见让人心神振奋的领导 / 173

第 25 章　没有所谓伟大的开始 / 180

第 26 章　职场妈妈育儿记 / 188

第 27 章　旅途中被儿子花掉百万韩元的故事 / 198

第 28 章　使用两个姓的理由 / 204

第 29 章　职场经验超过一百年的联结 / 208

后记 | 当内心感到焦躁不安时，回头看一看 / 215

致谢 | 218

序言

致因缓慢成长而焦虑的你

听到"第一天"这个词你有什么感觉？去心仪的公司上班的第一天，学习一直想做的运动项目的第一天，与某人组建家庭一起生活的第一天……只要想想就觉得能做任何事情，就激动而充满力量吧？那么听到"第五年"这个词，你又有什么感觉呢？职场生涯第五年，跑步第五年……只是听到类似的话就觉得疲惫吧？那么，"第三十年"呢？会不会想那一天真的会到来？或者感叹三十年里一直做某件事真是坚忍又了不起啊！

即便是做自己很喜欢的事情，想要长久地保持"第一天"的热情和兴奋都是很难的。心会疲倦，体力也很难跟上。被工作缠身，对人情疲惫，当剩下的精力全都耗尽后，留给我们的只有令人厌烦的日常。据相关统计，90%以上的韩国职场人都处于"筋疲力尽"或"无聊至死"的状态。明明最初都是因为喜欢才开始做的事，我们为什么会感到如此疲惫呢？

本书讲述的就是长久地保持第一天的决心和精力所需要

做出的努力。我在职场打拼了三十年，约一半的时间是在谷歌工作。在谷歌的韩国分公司工作的第十二年，也就是2019年，这一年我五十岁，我搬到了谷歌总公司所在的硅谷，开始了新的人生挑战。四十岁时，我正式开始学习英语，现在担任对母语人群来说也不轻松的谷歌国际公关总监一职。

在过去三十年的职场生涯中，我一直思考如何让生活保持可持续的能量和积极性，并不断实践。主动开拓自己的事业，同时也守护自己的价值观，过着一种与同伴携手成长的生活。为了使这一切成为可能，我找到的方法是"体力"。我慢慢地领悟到，身体和心灵的"核心肌肉"是最重要的，它能让我们愉快地完成任何事情，即使遭遇挫折也能再次恢复。

我练习了十四年剑道，但还是不到三十秒就在比赛中败下阵来；练习大笒[1]七年，至今仍然无法吹出完整像样的曲子。虽然我没有成为谷歌的最高管理者，但正在成为谷歌的最高龄职员。不过，即使这样也没关系，因为我认为对喜欢的事情持有"继续下去的力量"才是最终胜利的方法。

通过本书，我想介绍我们的身体和心灵所需要的"体力"，这可以让我们保持自己的速度，不断扩展人生。哪怕

---

[1] 朝鲜半岛的一种传统乐器，由竹子制成，外形酷似横笛。

比别人的成长速度慢、没有突出的能力，也不要放弃，默默地积蓄力量，并将这份力量当作踏板，把人生无限扩大。当下时代，我们每一天都处于紧张而忙碌的生活中，如果以这种力量作为后盾，即使无法立马就做好什么事，即使偶尔会遭遇失败，也绝不会被轻易地打败，任何时候都能坚强地挺过去。不必焦虑或不安。慢一些又如何呢？人生比你想象中的更为漫长。

如果你在新的挑战面前犹豫不决，或失去动力，正在考虑放弃，也许我的故事可以给你一些启示。我希望你可以长久地做自己喜欢的事情，最终获得一定的成就，我为你加油。

引语

都五十岁了还要挑战硅谷的新工作！

"露易丝，你又办了一件大事。"

"别人都在准备退休了，你是不是喜欢自找苦吃了啊？"

"担任谷歌的专务已经足够了吧，难道还要抛下家人和朋友们，独自去美国生活？"

当我决定去美国后，我的好朋友们和姐姐们曾这样担忧地对我说。那时我已经五十岁了，不知不觉中，和年岁相仿的朋友们见面时，聊天的话题自然而然地过渡到退休后应该做什么，退休金要怎么花等。韩国的平均退休年龄是49.3岁，这时我决定搬到一直向往的硅谷。这意味着要和家人分开，孤身一人去谷歌总公司所在的山景城[1]。

奔向一直向往的硅谷

十五年前，我刚入职时，谷歌的韩国分公司只有大约十五名员工。初创期的办公室小到只要从座位上站起来，就

---

[1] 美国加利福尼亚州圣克拉拉县的一座城市，谷歌总部位于此城。

能一眼看清每个人在做什么，我们就在这样小的一个房间里办公。没有公司大楼，甚至连CEO都没有。2017年1月，谷歌韩国分公司刚开始组建团队时，只有销售组和人事组的几个人，那时我作为公关部主管加入了谷歌。

在谷歌韩国分公司工作的十二年间，公司规模持续扩大，员工增加到数百名。这十二年，可以说是我的个人成长史。在公司里说起露易丝，每个人都知道我是谁；如果想知道谁坐在哪里、发生问题时找谁能最快地解决问题，首先来找的人也都会是我。

就是这样的我，重新成为Noogler（谷歌内部指代新职员的名词），突然要加入比谷歌韩国分公司更大的组织，到不认识我的人比认识我的人多很多的美国谷歌总部。我再次回到了没有组员、只有我一个人的公关组的状态。就像十五年前第一次入职谷歌韩国分公司时一样，真正地从头开始。

公司的一名后辈知道我决定去美国后，一边觉得好奇，一边对我说："露易丝总是能找到属于自己的位置。"我回答："我也觉得很神奇，我没有向阿拉丁神灯许过愿，只不过是说了我想得到的东西，就这样马上实现了。"

自己的位置要靠自己去创造

分布在世界各地的谷歌公关组负责人每年会在谷歌总部

聚会一次。数百名谷歌人参加这种被称为Offsite[1]的活动，接收公司或产品的最新信息，互相分享成功案例或灵感，是一个让大家充分交流的机会。2019年6月，我们又相聚在美国加利福尼亚。活动的最后一天，负责全球公关的副总和各国负责人进行即兴提问。我在数百名同事面前举手，以自己长久以来的思考为基础提出了一个方案："总部需要一位国际媒体联络官，即仲裁者的角色。这个角色可以支援在美国的全世界媒体特派员，也是负责接洽分布在各个国家的公关组与美国总部的公关的人，我相信这样可以提高沟通的效率。"

在进行这个提案时，我心脏跳动的声音似乎大得可以被旁边的人听到。过了一会儿，我听到了四面八方传来的称赞我的提案是"好主意"的声音和掌声。副总也认为这是个好主意，只不过有些细节还需注意，我回答会再进行详细调研。

结束为期三天的Offsite后，在等待回首尔航班的机场里，我写了一封邮件发给副总。我在邮件中表示我对自己提出的方案进行调研后，将会发送一份具体的提案。从那天起大约三周后，我读了副总发给全球谷歌公关负责人的长文邮件后，邮件最后的部分吸引了我。天啊！竟然是要选聘国际

---

[1] 可理解为远离办公地的异地会议。

媒体公关总监的公告。

在收到副总邮件一个月后,我被聘任为自己提案的团队的总监。说实话,提案时,我完全没有想过我能获得那个位置。当这件事真的发生了,无数思绪涌上我心头。我要抛下在韩国的家人们独自去赴任吗?这个年纪到全新的地方重新开始是不是太晚了?而且,听说"国际公关"是一个对母语为英语的人来说也不轻松的职务,既是新的组织,又是一个人的团队,这样的开始,可以预见将会遇上很多问题。我真的想从底层重新开始吗?我真的能做好吗?这会不会毁掉我过去三十年的优秀履历?

但在过往的人生中,我所经历的每一个重要决定的瞬间,我能相信的只有我自己。我并不怀疑自己没有准备好,或我无法胜任。不,即使有疑虑,我也有先坐上这个职位、无论如何做出些什么的自信。我在任何情况下都不会轻易放弃,这在我过去三十年的职场中已经得到证明。更重要的是,即将结束职场生涯前,我还想进行一次新的挑战。不是因为我五十岁了而不能去做什么事,而是因为我已经五十岁了,要赶紧去看一看,这个想法牢牢占据着我的脑海。

谷歌总监连10美元都没有?

我2019年8月决定去美国,9月初就要马上开始工作。

因为独自一人赴任，没有什么特别要准备的东西。我果断地把在韩国经常穿的正装或皮鞋处理了，简单地在行李箱里放了几件与加利福尼亚温暖的阳光、干燥的天气，还有更重要的——谷歌总部自由的氛围更相符的休闲服饰。我梦想着完全崭新的人生：抛弃过去五十年里各不相同的颜色填满的图案，在全新的纸上画出全新的图画。除了对未来的希望与期待，我不必再准备什么了。于是，我就这样什么都没有准备——甚至连钱都没有准备。

终于，我到了旧金山。手里只有在仁川机场的自动取款机上取出的300美元。美国的工资是每隔一周发一次，在发工资之前，我只要办好一张信用卡即可，于是我就像出差一样出发了。到了美国后，我大致整理了下行李，逛了逛住所周围，我就去了银行。看到我在纸上填写的职业是谷歌总监，银行职员的态度非常友好。"您准备往账户中存多少钱呢？"——以为我带着一大笔钱来的充满期待的声音，完全没想到我手中没有钱。我回答存50美元，然后寒酸地把现金递了过去。客户经理的表情变得有些僵硬，明显很失望且有些无语。我没有气馁，说我想办信用卡，对方又问："您的信用分数是多少？"

"信用分数是什么？"

对方感到非常荒唐。紧接着问了我好几个问题，在电脑系统里查看半天后告诉我，因为我在美国银行完全没有信用记录，所以无法申请信用卡。我明明豪情壮志地离开了韩国，现在却开始渐渐有些畏惧。这里是美国，那一刻我才真的感受到从零开始到底是什么意思。

此时，我手里还剩250美元，难道还撑不到发工资的时候吗？但不知为何，每次去超市买所需的生活用品，都好像能听到银行余额哗啦啦流走的声音。拿起一个苹果又放下，为了买到便宜几十美分的果汁而不停挑选。啊，真是凄凉。为一个苹果而战战兢兢的我的五十岁啊。

就这样过了两周，终于发工资了！但我的账户里空空如也。过了一个周末，到下一个周一时，我仍然没收到工资。后来我才知道，因为我申请将年度退休金的限额设置到最高，在到达年度金额为止，发的工资都会先被扣除。就这样，一个半月后凑够了一年的退休金。当然，这段时间里我的工资都是0元。

再怎么说从零开始，我也没想到这种情况……没有信用卡，也没有存款，浑身上下没有一分钱！这是我职场生涯三十年第一次见到的工资余额数。之前充满自信、威风凛凛地到了美国，实在很难向家人开口我没有钱这件事。没有办法，在有工资进账之前，我只能坚持在公司里吃喝！

话虽如此，身处陌生的环境，又身无分文，过得真是凄凉。当我还为自己难堪的处境茫然自失时,偶然和一位同事聊天。当他听说我一个月都没有拿到工资时,他当场拿出700美元借给我。他笑着说:"天哪,谁能相信谷歌总监因为10美元都没有而吃不上水果啊?"

我把他借给我的700美元当作安置金,,开始了我在美国的生活。期盼中玫瑰般梦幻的美国生活,就这样寒酸地开始了。当然,这只是因为我太过匆忙搬到美国而发生的小事故,一切都太过新鲜,我从未想象过的东西填满了整个世界。

如果只想着做不到某件事的理由和自己的缺点，
那样只会看低自己。
无论如何先试一次，
这样就会生出再尝试更多的欲望和能量。
将这份能量当作自己的原动力，
努力活在当下，活在今天，
相信总有一天，人生会充满新活力，
给你提供更多的机会。

第一部分

体力和热情都需要"培养"

第1章
与恐水症斗争的漫漫五十年

蔚蓝的大海与天空连成一片,夏威夷火奴鲁鲁的威基基海滩上,每个人都自信地穿着泳装走在海边。熟练地驾驭着冲浪板的冲浪者们冲破海水,同样耀眼夺目。在这宛如梦中才会出现的美景中,有一个无法融入的人。海水还不及腰高,她却担忧自己会不会掉进水中溺死,牢牢地系紧救生衣,战战兢兢地走在沙滩上——这个人就是我。

2021年夏天,我去了夏威夷。因为新冠疫情,大部分谷歌人转为线上远程办公,也不在公司办公。我打算积极灵活地使用这个远程办公时间,所以离开硅谷,辗转于西雅图、纽约等美国的城市,在每个城市生活一个月。提起夏威夷,自然就会想到游泳、浮潜、潜水等水上项目。但我到达夏威夷后购买的第一个东西并不是帅气的泳装,而是救生衣。只因困扰了我五十年的恐水症。

童年时我掉进溪水中溺水后产生的恐水症,直到现在都还阴魂不散地折磨着我。溺过水的人可能懂得,在极短的时间内无法呼吸,身体不能动弹,那是多么恐怖的感觉。眼前一片空白,心脏也无法跳动。即使我已经到了几乎把一辈子想做的事都做完了,现在死也不怎么害怕的年纪,只要进了水里,还是会埋怨过去曾这样说的自己。我尝试了五次学习游泳,但每一次都失败了。据说地球的四分之三都是水,世界上有这么多恐惧症,为什么我得的偏偏是恐水症呢?

在谷歌园区中再一次开始游泳

我来到美国的第二年开始学习游泳,就在谷歌园区的游泳池中。谷歌园区里不仅有游泳池,还有健身房和各种运动设施,还可以体验瑜伽、普拉提、有氧运动等各种运动的GX项目(group exercise,即团体运动)。也许是这个原因,不管是在韩国分公司还是在美国总部,都很难看到挺着大肚子的人。单人游泳课程的价格是一次45美元,还算便宜,我想抓住这个机会。

一周三次,我的游泳课就这样开始了。在开始上课之前,我跟游泳教练反复强调:"老师,我的目标不是游得多么好,而是慢慢消除我的恐水症。"教练点头表示明白了。他在两个月的时间里和我"玩水",往水中扔石头并让我捞起石头玩,让我在水面上翻身,还让我试着从外面跳进水中,或者坐在泳池的底部。在旁边泳道的人帅气地掀起水花,往返于泳池之时,我像小孩一样一直在玩水。

哪怕是这样,一开始我也是抱着"今天我要死在这里了"的心情,但还是克服了心中的恐惧,进行了两个月的"玩水"。让人吃惊的是,在这有趣的玩水游戏后,我好像克服了一些恐水症。慢慢放下了对水的恐惧,也渐渐熟悉了如何在水中呼吸。就这样一点一点,用比别人慢很多的速度,我慢慢学会了游泳。终于!花了五十年!

真的要做到这种程度吗?

在我们的人生中,会时常上演与我的游泳相似的经历。你可能有非常想实现的事情,但实际却并不如意,最后只能放弃。比如,因为觉得年龄大了而不断延期新的挑战;因为更好的年薪或者给予的条件、育儿等现实理由而放弃一直在做的事情;因为没有时间或条件不允许,抑或没有突出的天赋或勇气，就一直压抑在心中的某个地方。随着年龄增长，这样的事情会越来越多。

但心里的那些想法并不是说隐藏就能隐藏起来的。装作不在意，将其从优先级上一再后移也并不会忘记，反而随着时间越久，会越来越渴望那时没能获得的东西。过去的五十年里，我玩过滑轮、跑马拉松、登山、滑雪，还学会了剑道，而在那么多运动项目中，我最想做的运动是游泳。无论多么努力否认，紧紧地封印自己的内心，但"游泳，我真的好想游泳"的想法是不会消失的，它甚至变大成为"啊，游泳，我真的好想学游泳。不，即使学不会游泳也不想再恐惧水"的殷切期盼。这也成为让我决定解决阻拦我挑战的"根本问题"的意志。好，如果因为怕死而害怕走进水里，那就以今天要死在水里的心情进入水中吧。这样就不会有害怕的东西了。

当然，接受现在的状态，不勉强地生活也是一种不错的方法。但是当说出"干吗要把自己逼到那种程度"的瞬间，我的心情和能量不由自主地就停滞了；在说出"不就是游泳嘛，干吗要那么较劲"的瞬间，我仿佛仅仅是一个啤酒瓶；在职场上想到"至于做到这个程度"的瞬间，我就只是一个普通的员工了。同时，我内心深处留下的一丝觉得自己还能做得更好的期待也会瞬间消失。快速斩断期待，就再也没有必要关注和付出能量了。

但不管是工作还是学习，哪怕仅仅是学会游泳，只有冲进去直面问题的本质，才能迎来人生的新局面。当你开始纠结于自己无能为力的东西时，沉浸在其中，只会看低自己。但只要尝试过一次，就能一点点生出再尝试一次的欲望和能量。那也是我逐渐放下自己无法做的事情、无能为力的事情的方法。几天、几年不放弃地一直努力做一件事，直到做成会如何呢？不管过程如何，我都成了一个"有所成就"的人。

即使晚一点，也先去试一试

仔细想想，在我三十多年的职场生涯中，我一直让自己成为一个"一定要做到那件事"的人。最开始，因为想改变自己小心翼翼的性格，变得更加外向，也因自己的升职速度比别人慢而气馁，希望自己在工作中能更有自信，所以我选择去上夜间研究生。最初为了获得他人关注和认可而尝试的东西，后来成了为自己的成长而做的努力。比起"要做到那个程度吗"，我认为"再努努力好像就成了"的态度更有趣。

回过头看，我不喜欢后悔，即使晚一点也要先尝试，这种态度是让我走到今天这一步的底气和竞争力。这也是在人生的每个瞬间里，我所作出的决定和选择的原则。而人生回馈给我的，是新的愉悦和更多的机会，以及以为结束了的全盛时代总是如魔法般重新而来。

人生比想象中要长很多。只要不是匆忙地决定或早早放弃，只要能坚持下来，人生就会开启与之前不同的风景。此前消极地看待的事情，随着时间流逝，也会成为有利于我的经验；曾让我痛苦不已的最糟糕的失误、最伤心的记忆，我也都能坦然接受，并将其转化为让我不断成长、激励我的契机。这是任何一个尝试到最后，相信时间的力量而努力的人都拥有的经历。如此积累的经验让我不知疲倦，获得了让人生更加成熟的无限能量。

所以，学会游泳后我会感到幸福吗？我深深地迷上了游泳。快速地与水亲密接触，一个小时里不间断地在泳道中畅游，我为自己感到自豪，不自觉地在水中轻哼起歌来（有时会呛水）。曾让我恐惧到要把我吞噬掉的液体，现在如同包裹着我身躯的流动的丝绸，好似在为我加油。最近我在练习潜游（只在水下的游泳）到十米以上，曾担心自己落入水中就会死掉的我，竟然会有因为身体总是浮到水面上而不满意的日子。今年夏天，我打算挑战考取救生员资格证。怎么样，是不是觉得很吃惊？

第 2 章

重生，成为脱胎换骨的我

每到新的一年的第一天清晨，总会有一些依惯性而下定的决心：今年要戒酒（或者少喝点）；减重五公斤，重新回到年轻时的身材；一周读一本书……二十五年前的新年的第一个清晨，我作出了人生中最大胆、最命运般的决定，也可以说是我人生中最具戏剧性的、最有意义的决心，不，是决断。我人生最大的拐点就这样开启了，这让我成为如今的我。

——从今天开始，我要成为自己喜欢的我。

没有突出的才能，只有勤奋努力的自卑感

我是一个极其平凡的典型A型血人，也是一个性格谨小慎微的人。从小学到高中，我都非常努力地学习，但却没能好好地交朋友，上学时别说当一次班长，连小组长都没担任过。高中二年级开学去郊游时，我带着妈妈精心制作的紫菜包饭去了龙仁市民俗村。我非常迷茫，同学们都三三两两聚在一起吃盒饭，我没有勇气加入任何一个小团体，说："和我一起吃吧。"结果我连午饭也没有吃，回到家中抱着妈妈哇哇大哭："妈妈，考了班里第一名又有什么用，郊游的时候连个一起吃饭的朋友都没有。"

我极度内向，不管是考了班里第一名还是全校第一名，这种情况都没有改善。哪怕是后来考上首尔的大学，那所谓"不错"的大学等级也没能提升我的自信。

我的勤奋曾让我自卑。不是有那样的孩子吗？当问到"她怎么样？"时，被别人用"啊，她很老实"等说辞介绍的人。这世界上有那么多充满才华的人，我拥有的才能只有勤奋，仅此而已。妄自菲薄的态度让我渐渐变得极端。如果不是被谁要求必须说话，我几乎都不再说话。但不知道为什么大学里有这么多需要讨论的事情，有一次，负责读书讨论的一个学长看着两三个月里一句话都没说的我这样说道：

"看来庆淑觉得我们的读书小组没有意义啊。"我并没有这样的想法,是因为我不会说话,还是因为我不会思考,抑或两者都有?不论说的内容正确与否都没有自信?因为读的书不够多?这样想着,我回到家里,心情像跌落谷底一般惨淡。

在我将自己越缩越小、越放越低成为习惯之时,只有我的自尊心变得无比巨大。就这样生活了二十八年,那时的男友担心地问我:"你这样能顺利进入职场吗?"大学毕业后,我进入服装公司短暂工作了一年,在和男友举行婚礼后,去美国留学。在美国,叠加上语言壁垒后,我的内向和自卑更严重了。用母语都无法好好地表达自我,不可能突然使用英语变成另外一个人。就这样,在二十九岁那一年,我突然产生了一些疑问。

我为什么不自己爱自己呢?这样也不行,那样也不行,难道要这样一直讨厌自己吗?难道我要一直讨厌自己的性格,到三十岁了还要这样生活一辈子吗?人们常说,要接受自己原本的样子、要爱自己。他人的视线并不重要,要爱自己真正的模样。但我从未怀疑过,现在我的样子也许并不是我真正的样子。我感觉自己迫切地想比现在更好,想靠近人们,但好像还无法打破自己的壳,也觉得妄自菲薄的样子很狼狈。

我问自己:"我已经以自己讨厌的样子活过了人生的三分之一,难道想一辈子都这样生活吗?"

答案很简单:"不,不行,绝对不可以!"

改变自己,"重生"计划

那么,来改变如此讨厌的那个"我"吧。已经以那个样子生活了近三十年,剩下的人生以我喜欢的自己活着吧。虽然人很难改变,实在不行就重生一次吧。对,重生!

辗转反侧了好久后,我果断地做了一个决定。名为"重生"(born again)的计划开始了。这并不是完全抛弃至今为止的我,而是成为我理想中的自己而"扩张"的计划。这个计划的第一步,就是具体地描绘出我想成为的那个自己的未来形象。内向而消极的我想成为什么样子呢?我一步步地回答这个问题,开始设定我想改变的本质的方向。

我的回答是这样的:"想成为和现在的自己完全相反的人。"比如,爽朗地打着招呼先接近人们,不仅和朋友,还能与陌生人交流,在日常生活中享受对话,打造属于自己的人际网络的人。这也是我三十年来在世上最羡慕的那种人。

接下来就是把自己转移到新的环境中。我决定创造可以让我重生的环境。我对别人的视线敏感、容易退缩,要想毫不动摇地重新开始,就要去一个没有人记得我以前的样子的地方。如果三十年里沉默不语、容易害羞的我某天突然变得游刃有余,也不会有人说"你最近有点奇怪"或者"你疯了吗"。

这句话意味着我要与当时一起留学的丈夫暂时分居。分开可以彻底切断当我想放弃时依靠他的冲动。我认真挑选了与丈夫在物理距离上不会太远,但能最快完成MBA课程的学校,最后选择了内布拉斯加大学林肯分校(University of Nebraska-Lincoln)。这所学校不仅可以住宿,成绩好的话还可以多获得学分,在一年内需完成五个学期的硕士课程,很适合手头拮据的留学生。

刚搬家时,我感受到了一种"绝对的自由"。就像旅行时在陌生的场所、陌生人群中,会做出不像平时的行为或不知不觉变得大胆一样,也许我们有时也在等待摆脱自我属性或天生性格的契机,让我们能切断"我"的枷锁,越过自己设置的边界和限制。在新环境中,比起不安的心情,我想象着随心所欲变化的自己的样子,便激动不已。

成为全新的自己的核对清单

诚然,三十年沉淀的性格不会在一夜之间改变。我知道,如果不改变生活的每个瞬间、每天的日常,就不可能改变任何事情。改掉一个坏习惯都很难,想要彻底改变天生的自己当然需要更长的时间和努力。就像许多提升自我的书中所写的,谁都可以做决心和决断,但获得结果最终得靠实际的行动。

我根据自己想要达成的方向,制订了几条简单且可行的守则。第一,在两人间的宿舍中生活,积极与宿舍的朋友们交往(包括但不限于主动招呼,邀请对方一起吃饭等);第二,在每一堂课上都举手发言或提问;第三,负责小组作业的演讲;第四,每天坚持运动。

无论发生什么事情,我都会遵守这四条守则。这是一种为了成为全新的自己的核对清单。虽然很简单,但为了让自己每天都可以在所处的环境中挑战自我,把过去三十年中从未尝试过的事情养成习惯,我马上就打开宿舍门,一边敲其他宿舍的门,一边对同学们介绍自己。我有了可以一起吃午饭和晚饭的朋友,还有一起慢跑的朋友。每一次,过去那个面红耳赤的自己探头的时候,我都暗自念着咒语:我不再是那个害羞、没有自信的人了,我完全变成了另外一个人。

成为另一个我,需要的只是"勤奋"。如果想按照我所制订的核对清单主动与宿舍的朋友们搭话,至少要提前准备好问题。要做到第二条守则,即在课堂上提问或发言,必须进行完备的预习和复习。要做到第三条守则,即在一个学期同时进行的五六个小组作业中用英语负责演讲,则需要提前写好文稿,完整地背诵所有的内容。为了不拖累大部分母语为英语的其他同学,我必须拼命学习,教授在研究室时,我时不时地拜访他们,哪怕只是为了多说上一句话。就这样整整一年,我始终遵守这四个守则。

越向前奔跑,过去的我就越来越远

是什么让我发生了改变呢?有趣的是,在重生计划中,最重要的竟然是每天运动。这具身体三十年都没有怎么运动过,所以刚开始慢跑时腿部抽筋、喘不过气,心口像被撕裂般痛苦。但神奇的是,当用大腿的力量踩向地面,用腹部克服急促的气息后,我感觉到自我在扩大、声音也充满了力量。与肉体的疲劳和痛苦成正比,内心的自信似乎得到了提升。

随着体力增强,我的睡眠比高三时还少,学习也不觉得累。不知不觉间,教授记住了我是一个对每件事都很积极的人,甚至还说过:"露易丝没有提问,看来还不能下课。"与人们见面再也不是一件让我感到疲惫的事。一整天和人们待在一起却丝毫不感到疲惫,这样的我令自己也非常惊讶。原来只要这样勤勉地生活,我也可以喜欢上自己啊!直到三十岁,我才第一次看到这样的自己。越向前奔跑,过去讨厌的我就越来越远,人生如我努力的步伐一样走向积极。

我曾因自己的勤奋而自卑。但让我突破自我、走向外面的世界,成为更好的自己,也是这一如既往的勤奋。从来没有"一睁开眼就已经是新世界"这样的事。我们的生活就像复印纸。复印纸很薄, 100张复印纸叠在一起成为一摞纸,几摞纸装满箱子,箱子装满后会堆满整面墙壁。每一天都是一张纸一张纸地积累。一天又一天,默默无言,滴水穿石。就这样在不知不觉间,你就会看到积累的绝对实力和结果。

反转始于每一天的小小成就

改变什么是很困难的,改变自己更是难上加难,但这并非绝无可能。如果极其渴望变化,在脑海中具体描绘出自己希望的样子,并愿意为之努力,那就制订简单的实践守则,专心致志地努力一年吧。守则越简单越好，并且要能够反复实践。这样每天重复下去，可能不会立马有什么变化，但当你看到一年后自己改变的样子时一定会大吃一惊。而这一年也将成为你改变余生、翻天覆地的第一页。

如果有人问我，我从骨子里已经变成了另外一个人了吗？其实，在内心深处某个角落里，我仍每时每刻都在和胆怯激烈地战斗。每天与数十人见面，每个周末和公司的同事们一起享受背包旅行，还担任着演讲兴趣小组的运营管理人员，但每一次与初次见面的人说自己的故事时，我仍然会心跳加速。现在我知道如何在这场战斗中获胜了。因为我亲身感受到了每天充实的时间带来的变化，这些积累为现在的我提供了坚实的后盾。

美国小说家杰森·莫特（Jason Mott）曾这样说："有价值的事情需要时间。也许这就是时间的作用。"时间不会背叛你，相信时间，持续努力，成为"理想的自己"并没有想象中的那么难。

第 3 章
剑道十四年，即便光速落败也要再次出战

那天雨下得很大，我像往常一样一大早就起来前往剑道场。可能是因为天气不好，场馆里没有几个人。我正默默练习着，剑道场的顶棚开始滴滴答答漏起水来。我正想这是怎么回事，水流突然变粗，剑道场的地面上水逐渐涨了起来。我赶紧结束练习去了淋浴间，发现淋浴间也是一片汪洋。怎么办……没有时间让我忧郁，我穿着剑道服，拿起背包匆忙离开了地下剑道场。外面已经乱成一团了。停车场的积水已经到达膝盖以上，没办法把车开出去，我不得不把车留下，走着去往公司所在的驿三站。

请想一想，在水淹到腰部的江南站十字路口，一个女人穿着深蓝色剑道服急速行走。虽然也能感觉到人们注视的目光，我还是毫不在意地穿着被雨水打湿的宽大剑道服裤子，

划开积水奋力地一步一步前进。到了公司该怎么办也是个问题。我没管看到我穿着后惊讶不已的前台同事，快速跑进电梯里。"千万不要有其他乘电梯的人，拜托了！"我在心中祈求。但与我的期望正相反，有二十多个人挤满了电梯。啊，甚至还有认识的人。

"哦，因为剑道场进水了……"我自言自语般解释。只想着快点到办公室，我紧紧盯着电梯里不断上升的电梯楼层数。

坚持三分钟就好了

在谷歌韩国分公司里，提到"露易丝"，大家都会立马反应："那个会剑道的人？"在过去的十四年里，剑道成了如我的象征一样的运动。我在四十岁时开始学习剑道，在五十岁时获得了剑道四段。有些不好意思，别人还会叫我师傅。人们总问我，为什么选择了剑道而不是其他运动。要说有什么理由，是"看起来很酷"。当同事或朋友问起最近在做什么运动时，比起"健身"或"跑步"，回答"我在练习剑道"得到的反应是完全不同的。

我早上通常起得很早，近十年来每天早上我都是最先到达道场的人。冬天道场的地面简直如冰一般寒冷，夏天又因湿气而变得黏腻，我以擦道场的地板开启一天。对我来说，这就像一种仪式，既是准备开始一天的仪式，也是训练"关怀"的仪式。之后，与馆员一起努力练习一个半小时后，即使在严冬，全身也会被汗水浸透。每天的练习结束后，所有馆员都双手合十，默想。默想是为了重温当天的练习，让兴奋的心情和身体平静下来。我爱剑道这项运动，但是我剑道的水平和实力完全跟不上我爱剑道的心。在剑道场上，我自称为"闪电"。这个外号要是称赞我的攻击力如"闪电"般就好了，但非常遗憾，这个外号是因为我在比赛中总是快速落败。我参加市区比赛、首尔市的比赛或全国比赛时，大部分时间都是在等待中度过的。等待其他组结束比赛，一般需要三四个小时。

　　这样心情紧张地等待几个小时，但我的比赛总是在三十秒内就结束了。被对方获得两分后，我闪电般地输掉了比赛，退回原位。清晨早早出门直到下午才能结束的比赛里，我的竞赛时间只有短短三十秒。因此我的目标不是获得比赛的胜利，而是"一定要坚持满三分钟"。

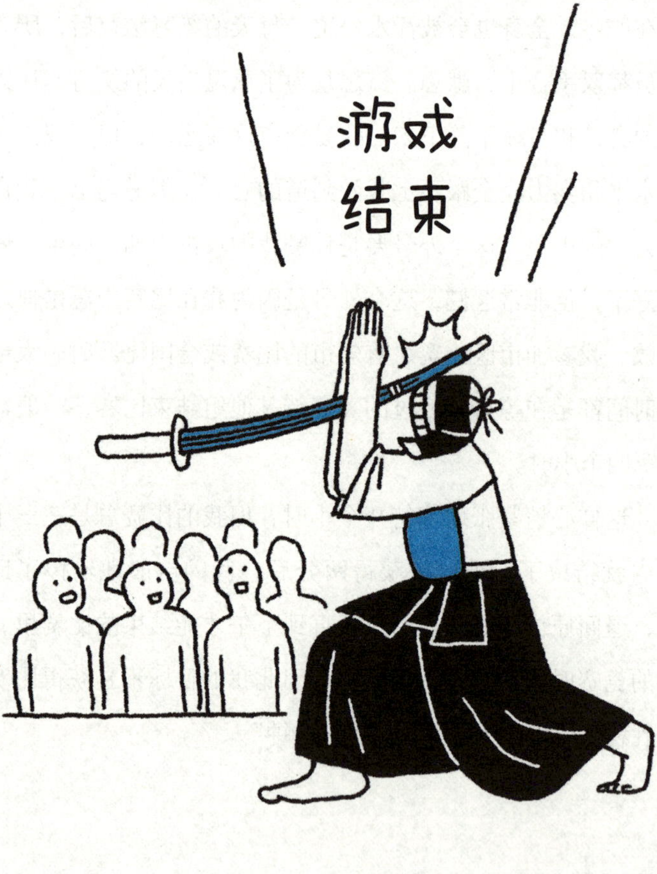
游戏
结束

想做好的心情反而让人放弃

剑道练习了一年好像没有任何长进,练习三年也似乎总是在原地踏步。我的大脑理解了要怎么做,但身体却跟不上,我为什么要承受这么大的压力呢?这种让我失去自信的运动还要继续下去吗?……肯定会产生怀疑。其他人也是这样吗?在道场练习的时间里,我见过很多练了三个月、六个月就不再继续的人。

馆长时常会这样说:"最难教的剑道新人,就是获得一定社会性成功的人。学生或年轻人能很好地坚持过第一年,但那些所谓在社会上获得成功的人反而坚持不了。因为他们无法承受那种开始学习一种新的运动时伴随而来的笨拙,或者是成为败者的感觉。同时,要暴露出自己做得不够好的一面,即使付出时间也不会马上获得成果,感受到这一点的时候他们会马上放弃。"

也许是无法轻易接受"我什么都可以做得很好,在很多地方都获得了认可,却做不好这项运动"的事实。在职场上一路高速晋升的绩优者们在运动中成了原地踏步的学生,他们很难接受这种处境。和别人相比没有进步,且无论怎么努力都不见成效也比想象中更让人气馁。看到比我晚开始练习的年轻、健康的人们的实力渐长时,这种感觉更浓烈了。

谷歌最高龄,我的年龄怎么了?

在谷歌公司忙碌地度过一年又一年,我的年龄排序逐渐升到前几位。终于,当我进入谷歌公司最高龄的那个团体或工作时间最长的人之列时,当不知不觉间办公室里后辈比前辈更多时,我突然产生了一种想法。"我的年龄这么大了,坐这个职位没有问题吗?"在谷歌韩国分公司工作的十二年里,CEO更换了三任,我的直属上司即亚太地区公关总监也更换过四任,背景各不相同。他们都是很好的人,是公认的能力卓著的人,但每次看到比我年龄小的人登上高位时,我也会产生"我为什么不行呢?"的想法。到了美国,情况更是如此,和我同一集团的其他总监或总监之上的副总大多(事实上全部)比我年龄小。

但这样的比较是没有终点的,把年龄当作理由给自己设限的瞬间,所有的语言和行动都会开始产生裂痕。"都这把年纪了还要做那个职位吗?"如果这种想法成为习惯,就真的感觉自己没有立足之处了。

每当想到我的年龄,我都会想起剑道中的谦逊。在剑道中,年龄和经历在实力面前都不值一提。在结束剑道练习时,有一个走到高段者师傅面前进行一对一致意、复盘训练的过程。高段者师傅们一一与练习者复盘击出的每一剑,细心给出指导。这时你会看到已经头发花白的五六十岁练习者跪坐在二三十岁的年轻人前面。上了年纪的练习者真诚地向年轻高段者询问疑惑点或需要改进的地方。在实力面前,年龄和经历都无法获胜,这一点不断地被验证。

学习名为"谦虚"的滚烫热情

我还是剑道一段的时候,曾去日本拜访过一位剑道八段的老师。他执导过无数专业选手,在日本也非常有名。为了接待从韩国去拜访的馆长和我,他换乘几次地铁,亲自去菜场买菜,专门做了蔬菜和鱼的料理招待我们。在他做饭时,不允许其他日本选手进入厨房。他就如那句"饱满的麦穗总低头"的格言一样,比起享受八段应该得到的地位,那种不惜辛劳的谦逊态度已经融进他的身体里了。见过他之后,我下定决心要一辈子都坚持练习剑道,心想:"啊,我也要成为那样的人。"

放低自己(内心),认可并尊重对方,没有欲望的心态被称为谦虚。也有人认为,在重视自尊心和自我推荐的时代,强调谦虚似乎是过时的。如果放低自己,会担心别人也轻视自己。但是,每天擦地板、为一起流汗的人们的一天加油，默默坚持每天重复的训练，即使失败，身心也不会动摇，认真对抗的人们之间的"谦虚"是不同的。即使拥有不输给任何人的强大实力，明天依然会在凌晨起床，回到最基础的练习状态。这种谦虚才是我们对生活和这个世界最滚烫的热情。今天我也下定决心要成为不忘记这种滚烫心意的人。

三年前，我刚到美国的时候，最先打听的是哪里有剑道场。除了新冠疫情居家令期间，我坚持每天都去剑道场练习。不久前，我参加了北加利福尼亚地区女性剑道人的团体训练，正式进行比赛练习，并与一位三段选手进行了比赛。从身体深处涌出的气率先压制住对方，进行攻击和防御，完成了这场比赛。在我和对方都筋疲力尽的时候，我听到了三分钟的结束音。虽然是一场一分未得的平手赛，但已经不再是闪电般的落败了，我感到非常满足。

第4章
如果想做的事让你感到疲惫的话

2009年，谷歌韩国分公司的市场营销经理一职突然空缺，我在一段时间内同时管理市场部和公关部。市场部经理不能长时间空缺，而我又有市场部的经历，因此这样定了下来。当时的全球公关总监兼副总蕾切尔·惠特斯通（Rachel Whetstone）在作出这个决定时叮嘱我：

"露易丝，如果你不喜欢的话可以不做。不过你可以把这当作一个机会，我希望你试一试。同时负责市场部和公关部的例子在谷歌公司也是第一次，所以你不用担心。如果太辛苦了，你任何时候都可以说不想再继续了，任何时候都可以结束。"

蕾切尔的上司是谷歌创始人、首席运营官拉里·佩奇（Larry Page），因此，蕾切尔的建议和指示的影响力超乎想象。在自己最尊敬的领导那里获得认可,我非常高兴。我完全信赖她对我的判断,因此愉快地接受了这个提议。就这样,在近两年的时间里,我同时兼任谷歌韩国分公司的市场部和公关部主管。

那是我非常想做好的事情

起初,因为"最初"的头衔和"不辜负公司期待"的心态,所有的工作开展得都很愉快。当时谷歌韩国分公司还是初创期,成员不多,要做的事情简直多到数不过来。在完成之前负责的公关部业务的同时,还要承担市场部的业务量,并不是简单的工作量翻倍,甚至增加了三四倍之多。每个月要推出的新产品和服务层出不穷,宣传当时在韩国知名度较低的谷歌搜索也任重道远。

除了营销活动,隐形的工作量更是如山一样堆积。在各国市场部经理的工作中,虽然几乎是隐形的,但最重要也最耗时的事情,是最终审阅一次产品发布前用户可能会浏览的所有网站。从产品页面到帮助页面都要仔细查看,如果不确认检查无误,产品就无法发布。即使是一个小产品、一个小功能,随之而来的页面也有数十页到数百页。上班时间内,我往返于两个部门参加各种会议，当一天的工作都结束，到吃晚饭的时候，我真正的"工作"才开始。在这两年里，我的外表和内心都接近干涸。晚上十二点下班是家常便饭，超过夜里一点也是常有的事。每天的睡眠时间只有短短几个小时，周末也不例外。虽然不停地工作，但谷歌搜索的市场占有率仍然停步在个位数，压力非同小可。

虽然也有想达成的期待值不如预期的原因，但是让我感到最辛苦的是，需要思考大局的公关部和需要深入调研的市场部的团队文化与方向各不相同。虽然处于同一家公司，但领导不同团队所需的领导方式并不相同。我开始对这种要支持不同团队的生活感到筋疲力尽。原本我的性格就是不管做什么都想获得超出预期的结果，在运营两个团队的时间里我并没有创造出预期的成果，我也不认为我的工作符合公司的期待。每一天都过得非常痛苦。

终于到了做决定的瞬间。独自领导逐渐壮大的谷歌韩国分公司中不断扩张的两个部门，长远来看会带来负面影响。最重要的是，不是我在带领工作的步伐，而是工作推着我走。这样失去主导权、被工作牵着鼻子走，也不可能去关注自己的成长。

我再也做不下去了

这样持续苦恼的状态的某个周日晚上,像往常一样工作的我终于爆发了。我周一不想去上班了。虽然听上去像一个谎言,但我是个一直期待周一到来的人。去公司和同事们见面、工作对我来说很愉快,所以我总是盼望周末快点结束,甚至曾因为在组员们面前说"我期待周一到来"而被他们当面驳斥。然而,曾经这样的我现在也变得害怕周一和上班了。

眼泪突然决堤。桌子上的笔记本电脑还开着,我趴在桌子上哇哇大哭。我怎么会变成这样了呢?我明明不是这样的人,明明是我喜欢的工作,为什么变成这样了呢?就这样哭了好久,爆发的情绪仿佛是某种信号。我一直觉得放弃就意味着输了,所以一直苦苦坚持,但现在似乎到了该放手的时候了。我虽然哭着,但思绪越来越清晰。过去两年里我不留遗憾地拼尽全力,但现在我再也无法继续下去了,必须作出选择。

我并没有苦恼太长时间。一个小时后,我给总监蕾切尔发信息,说:"嗨,蕾切尔。"

即使那时已经是美国时间周日的凌晨,在两秒钟内我就收到了答复:"怎么了?你还好吗?给我打电话吧。"

哇，简直是"神"一般的蕾切尔。我马上给她打了电话。刚接起电话，就听到蕾切尔关切的声音："嗨，露易丝，你还好吗？"我好不容易才抑制住的眼泪又流了下来。

"蕾切尔，之前你和我说过，如果不想做了，什么时候都可以结束。你还记得吗？"

蕾切尔回答道："当然了！"

"现在好像就是那个时候了。我无法兼任两个部门的管理工作了，我想只负责公关部。"

听到我的话的蕾切尔没有问任何问题。她说："从今天开始就可以不做了。明天我会和市场营销部的副总监说这件事。你不用担心。打完电话后，马上合上笔记本，去散步吧。"

年过四十的经理拿着电话呜咽，蕾切尔非但没有惊慌，反而直指核心，冷静地提出了解决方案。蕾切尔以冷静和敏锐的洞察力著称，我一直很仰慕她，从那天开始，我简直迷上了蕾切尔充满人情味的一面。这是我三十多年的职场生涯中唯一一次在上司面前哭。第二天，我又回到了全职公关主管的位置，感觉像是结束了长时间的彷徨。

长期接受的教育和价值观让我们对"放弃"产生极端的恐惧。几乎没有任何一本成功学的书会教我们轻易放弃。放弃就会掉队，我们像失败的人一样自责。但重要的不是是否放弃，而是如何放弃。我选择不再继续之前的一条路，但并不认为这是放弃。只要想一想我在做什么事情时感到幸福或振奋，决定就变得非常简单，且不会后悔做这个决定。中途放弃的落败感并不会大于找到自己要走的路的喜悦。两年来我已经做到了谁都没做过的事情，并为此感到自豪。我对自己说："已经付出所有，做到最好了。我已经竭尽全力了，不必后悔。"

现在在做的事让你感到幸福吗？

在生活中，原本拼命想做的事情在某个瞬间会变成再也不想做的事情。"这是我非常想做的事，现在为什么会这样呢？"产生这种想法的时候，甚至很难向周围的人吐露自己的苦衷，因为很有可能会得到"这是你自己选择的路啊，你这是自讨苦吃"之类的反应。难道我真的不再热爱这件事了吗，热情消失了吗？

许多职场后辈在苦恼是否要离职或跳槽的时候，会对我这样说："我不知道这是不是我应该要走的路了。我对这件事情没有热情了。"通常，寻找自己能够充满热情的领域、开发该领域所需的能力叫作职业导航。简单来说，当你对所做的事充满热情，职业导航就成功了。问题是，我们很难每天都将自己所感受到的热情维持在相同的等级，因为我们是人。每天以同样的热情完成日复一日的工作，只有机器人才能做到。

最重要的是对自己做出正确的判断。这意味着要坦诚地面对自己不想做这件事的理由。可能只是"不适合自己"这种简单明了的理由，也可能是因为上司或同事、工作太重复了而厌烦、工作一成不变、有了真正想做的事情……理由多种多样。如果能明确不想做这件事的理由，那真是万幸，因为这样就可以毫不犹豫地马上开始做自己想做的事情。但是大部分人现在不想做这件事的原因，和辞职后想做的事情并不明确，只是热情冷却了。

越是处在对工作只有倦怠、厌烦等情绪的燃尽状态时，越应该最先找到产生这种情绪的原因，寻找跳脱出来的方法。哪怕当下非常疲倦，上司很难应付，也绝对不要冲动地辞职，应该一边进行其他的工作，一边找到让自己真正有热情的工作，接着做出冷静的判断。因此，我一般会给出"拓展自己"的建议。是要做更多的工作吗？光是听到就头痛了。我的意思是，如果之前100%的时间都是在做粘贴玩偶眼睛的工作，那么可以把其中20%的时间转移到组装玩偶手臂的工作上来。这是稍微与自己的工作保持距离后探索自己真正需求的过程。

或者也可以尝试将自己的能力投入其他领域，尝试获得自尊感的"热情项目"。热情项目指的是那些可以通过志愿活动或社会贡献活动来填满心灵，找回热情火种的小项目。就像因为没有能量而变得松散后，反而会造成肌肉损伤一样，心灵的体力也必然会减弱。如果你对正在做的事情没有兴趣也没有新鲜感，那就试试自己觉得有价值的事情吧。只要内心感到一丝欣慰和充实，生活就能重新充满活力。

寻找燃烧时间最长的热情燃料

没有人比你更了解什么能让你振奋，什么能让你感觉自己在成长。我的最后一条建议是，为你的激情找到最持久的燃料，让你的火焰燃烧得更久。

最近，我偶然在山景城的一个洗手间墙上看到一句话（为了闲暇时看点东西，我把关于职业和健康生活相关的内容发布在"厕所里的学习"板块）。那是一句关于享乐适应现象，也就是幸福适应现象的内容。大致意思是这样的：如果你正在做一件自己喜欢的事情，你的幸福感会上升，但过一段时间后，它又会回落到某个水平。同样，如果你经历了一些负面的事情，你的幸福指数也会下降。随着时间的推移，指数往往会恢复到一定水平。这说明我们的心理有一种恒常性，无论是非常幸福还是非常不幸福，最终都会回到一个中间的位置。激情作为日常幸福感的一个重要因素，也难逃享乐适应现象的影响。

但还是有一些东西会以更慢的速度回到中间的位置。新工作、晋升、他人的认可、涨薪等维系我们热情之火的因素，哪些可以长时间让热情长存、不轻易熄灭呢？每个人都有不同的热情燃料。我可以肯定地说，大多数人能保持更长时间的激情之时，就是他们觉得自己还在因所取得的成就而成长的时候，是他们取得了一些让他们有内在动力去实现成就的时候，也是他们在为自己想要实现的价值或信念而努力的时候。

我也曾花许多个日夜思考自己的职业生涯。在过去的三十年里，我一直在公关和市场营销之间来回徘徊，以找出自己更热衷的领域。我在谷歌工作的十五年也一直在思考如何让"第一天"的激情保持得更久。当然，在我二十多岁到三十岁时，我更喜欢收入更高、更有声望的工作。但随着年龄的增长，我越发意识到，如果公司和我的价值观不一致，我就无法对工作感到兴奋。在思索后，我发现激情的条件如下：

——我做的事情产生什么影响力了吗？

——每天都能学到新的东西吗？

——我还在不断成长吗？

——我做的事除了对自己，还能对其他人有所帮助吗？

现在我的目标很简单，我想成为一个好的领导。一个能让同事想与之共事的人，一个让别人也想成为那样的人，一个至少有一点值得别人学习的人。除此之外的任何事情都不能再左右我。现在，我有了这样一条明确的道路要走，我不再受外界因素的左右，能专注于目标的方向。仅凭这一想法，我的每一天都充满永不熄灭的热情。

如果你讨厌正在做的事情，害怕即将到来的周一，不要沉浸在自己的情绪中，请迅速为自己制订一个解决方案。在放弃之前，你可以做很多事情。最重要的是发现自己究竟对什么事充满热情。

第 5 章
在退缩之前再闯一次

与想到就做、性格风风火火的我不同,我的儿子菲利普做每一件事都是慢悠悠的。但无论再怎么着急,我都尽量不唠叨,只有一次我没忍住说了几句。那次菲利普与朋友吵了架,因为心里不舒服和羞愧,一直拖着不想去道歉。"我过一会儿再去,妈妈。"他这样说,脸上的表情很不愉快。我对他说:"菲利普,越难为情的事情应该越快解决。这样就能缩短你陷在难为情中的时间。"

拉近大脑和脚之间的距离

是的,越难为情的事情越要早点做。这样可以防止我内心总是犹豫不决的典型A型血特质泛滥。如果从思考到实践拖延太久，最终只会找出更多不行的理由，会找到更多不做的借口。人就是这样。让我们回想一下，有很多职员参加的会议或演讲的问答时间。想到"啊，我很想知道那个，但我可以提问吗？"的瞬间，心脏会扑通扑通地跳动，等待提问时也可能会越来越紧张。想法太多会让我们畏缩不前。不要给自己紧张的机会，马上举手发言，这样就不会继续紧张地找借口了。

　　我向其他人介绍自己时，总说我是一个"大脑和脚之间的距离最近的人"，虽然这也是在说我个子矮，但更想表达的是我是一个只要想到了就会去做的人。会议结束后，根据会议结果整理后续待办事项发给相关方；如果几个人说有一本书很好，想一起读一读，通常在下一周买了书开始读的人只有我；家人和朋友们说一起计划一下旅行日程，我会在当天晚上就做好了计划，甚至预订好机票和住宿；休息日的早上一睁开眼，心里想"今天去海边喝杯茶怎么样"，我会马上起床收拾，然后开车沿着一号海岸公路奔驰。这种想到的瞬间立即付诸行动的行动力，我比别人（非常夸张的）高很多。

不做就不会有任何事发生

不付诸行动的思考哪怕再好也没有任何意义。投资初创企业的风险投资者们常说这样一句话："谁都可能有好点子，但完成原型非常重要。"比起好点子本身，想出点子的人是否值得信赖、有多高的行动力对投资与否有更大的影响。

即便不追究生产性，说到将思考与实践之间零间隔的必要性，我也有一些观点想分享。最重要的是热情，积极的心态可以延长寿命。我们的心很轻易就会炽热起来，但也同样会迅速地变得冰冷。因为某个契机热情开始迸发时，马上开始延续那份热情是很容易的。

在想做的时候马上开始，你就已经成功了一半。因为已经付诸实践，紧接着会发生变化。想打扫卫生？不要拖延，马上就开始。看了关于非洲马里的幼儿死亡率的纪录片内心十分触动？现在就捐款吧。只要想着"以后我要捐款给这些孩子"，那你的心意立刻就会改变，会心疼钱，会舍不得。听到某个让自己感到激励的演讲时，下决心："啊，对，我也要学习英语！"那今天就开始吧，否则要学习英语的迫切渴望会以惊人的速度消散。

当然，所有的行动都有优先顺序。而且，如果没有充分考虑所有情况就立刻行动,会造成许多浪费。但即便如此,比起一直不行动,还是尝试着做些什么更好。不要因为瞻前顾后和犹豫而花费过多精力。和我一起念这句咒语吧:"辛苦的事情要快点做完!"

第6章

体力是能"成就"任何事的魔力

每年10月,谷歌公司的内部会举行"一个月健走大赛"。将10月(October)与健走(walk)两个单词结合起来,因此这个大赛也被称为"十月健走(Walk-tober)",旨在让谷歌的职员在一年中天气最好的10月里尽量少用车、多走路。健走大赛分为团队之间的团体战和个人战,每天都能在看板上更新谷歌职员的步数。在美国的三年里,每年在公关部拿第一的人都是我。我每天大约走三万步,与其他同事有难以超越的距离,同事们见到我常常会愉快地说一句:"露易丝,我们追不上你。"

其他的不好说，但体力上我有自信

谷歌聚集了大量履历优秀和实力卓越的人才，但在体力上我有着不输给别人的自信。毫不夸张地说，我这样一个拥有普通文科学历的亚洲人，五十岁时依然在一线工作的竞争力，靠的正是体力。凭借不知疲倦的体力，无论是不分昼夜地进行超大型项目，还是因海外出差没能完全适应时差时，第二天我都能毫不犹豫地打开上班的开关。

体力是我们坚持不懈引领人生向前的潜在力量。每天睁开眼后，我早上跑步一个小时，晚上走路一个小时，周末进行背包旅行或练习剑道和游泳，在健康和运动上比二三十岁时投入了更多的时间。我平时几乎不对后辈们唠叨，但我会经常说这样的话："不要觉得运动的时间可惜。就像学英语一样，把时间投资在体力上，体力也是一种实力。"

在电视剧《未生》中，主角张克莱的父亲对儿子说过这样一句话："想赢的话，要锻炼一副可以充分支撑你苦恼的身体。"如果体力不支，人很快就会想找回舒适感，耐心也会下降。甚至会因为无法忍受疲惫感，达到不在乎胜负的地步。是的，偶尔感到太过疲惫，总觉得头脑无法转动。产生了"如果失败了该怎么办？如果让我再做一次，我好像做不到"的想法后，就会害怕进行新的挑战。倦意袭来，内心不再轻松,还怎么能"从这里再前进一步"呢?在我发现自己隐藏的潜力之前,先想到的当然是放弃。

我相信,新的想法和点子并不是天才性的,而是源于身心的闲暇和行动力。想到各种各样的新想法,向周围的人询问、研究、一起挑战,这一切的前提是体力上的"从容"。我的桌子上贴着一个特别的贴纸,上面写着"这个怎么样?""啊,我周末突然想到的,你们觉得这个怎么样?""啊,昨天晚上我突然想到的,这个怎么样?"同事们说这些是我经常挂在嘴边的话,为了让我笑而给我做的贴纸(可能是在开玩笑)。

只有自己有活力,才能无畏地提出进一步的想法和提案。最终,在变幻无常的环境中坚持思考的力量,即让你成为长期思考者的力量,都来自从不会感到疲惫的身体。同时,体力也会附赠只属于你的品牌——你是一个永远充满活力和创意的人。一点儿也不夸张,体力具有能"成就"任何事情的魔力。

体力,伴随长久的习惯

如果只打算工作三年或五年,我不会谈论体力。但如果想工作超过十年、二十年、三十年，到五六十岁时仍能长久地做着自己想做的事，那就不同了。到了四十多岁时，做那些你在三十多岁时每天都做的事情会感到吃力，哪儿不舒服、疲惫的状态成为常态。在普通的公司，成为四十多岁的中层管理者后，除了要领导自己的团队，也要时刻了解其他团队是如何运转的，思考如何合作才能实现双赢等，需要扩展性的思考。这才是中层管理者或C级（职位前有Chief前缀的企业各部门的最高负责人）应具备的竞争力。

但如果体力和状态无法跟上，就没有那样的余力了。有研究表明，创造卓越成果的前5%的人比其他人每周在运动上花费的时间多40%。通过运动，不仅可以培养更集中、持续工作的体力，还可以消除抑郁或不安、压力等，维持恒心。为了在时刻变化、影响我们生活的世界浪潮中不随波逐流、找到自己的中心，应该把自己的身体和心当作支撑我们的最后堡垒。培养体力就等于投资职业生涯。

体力不是目标，而是一种方向

那么，如何培养体力呢？吃好、运动好、睡好。每天吃好，努力运动，充分的休息以增强体力；每天充实地照顾自己、守护自己的一系列习惯，都会成为容易疲劳、轻易放弃，跌入深渊之前拯救你的力量。无论是在职场上，还是在人生层面上，都没有什么不同。当身体和心灵都锻炼出力量，拥有坚持生活的潜力，那么你就能同时获得在任何困难中都找到快乐的从容。

问题是要坚持不懈，我们都知道这是最难的事。正如每逢新年，我们都会列出细致的目标，结果最后全都打水漂。如每周运动四次，每周少喝一次酒，每天要喝两升水等。甚至做出决心的最初两周里，你能超额完成目标。但，虽然希望能继续达成这些具体的目标，意想不到的事情总是突然出现。家庭聚会、部门聚餐、加班、第二天的晨会……随着实现目标出现偏差，短暂的成功慢慢崩溃，带着没能守住决心的自责感开始拷问自己。像这样，决心总是伴随着失败。所以才会出现"三天打鱼，两天晒网"的情况。只下决心是坚持不了三天的。

那么，不需要下定决心了？并不是这个意思。人生很长，要想获得长期可持续的动力，意味着要长远打算，比目标更重要的是方向。目标和方向有什么不同呢？例如，并不是设立每天摄取几千卡热量、每周运动四次，在规定时间内把体重减掉几千克之类的目标，而是确定要建立起健康的生活方式的方向。比起"今年一定要升职"这样的目标，确定

"我想成为不管谁问起来,在我的领域我都能回答的领域专家"这样的方向;比起"每周要与孩子有五个小时的对话时间"这样的决心,确定"要度过家庭和睦的一年"这种方向。健康、家庭、专业性等,可以用一两个词表达方向,也可以写成一句话。

如果你确立了打造健康生活方式的方向,那你就会在碳酸饮料和矿泉水中选择矿泉水,选择黑咖啡而不是充满糖浆和奶油的咖啡,或者在忙碌得无法运动时,选择吃一次对健康有益的沙拉来作为替代方案。这样度过一天后,我们就会离我们决定要做的事情、要去的方向更近一步。哪怕有时无法做到,但只要想到自己确立的方向,就能减少因"失败"而情绪波动的次数,也不会中途就放弃想做的事。

三十年运动经验者的诀窍

运动是培养自我效能,即相信和期待自己能做某种事情的最好方法。抛开想马上躺着休息的诱惑开始运动,你首先会感到满足。当我们战胜自己、能控制自己的身体时所感受到的成就感,会扩展为自己只要下定决心就能做到任何事情的自信。虽然世界上有许多不如我意的事情,但我能随心所欲地控制自己的身体，这个事实让人感觉充满希望。无论在职场上被怎样掏空，只要通过运动就能找回自己的节奏，再大的痛苦也能轻松摆脱。

那么，如何不放弃地坚持运动呢？在三十多年的运动生涯里，我所领悟到的"不放弃的秘诀"有以下几点。第一，做自己觉得有趣的运动、看起来很酷的运动。当"露易丝=剑道"这个公式被人们记住时，我经常会遇到这样的提问："你现在还在练习剑道吗？"虽然仅仅是一句礼貌的问候，但越来越多的人记住了我坚持做的运动并表现出关心，我会有意识地持续运动。虽然看起来是像小孩一样的心态，但相当有效。即使晚上的聚餐很晚才结束，但担心有人第二天早上问起："你昨天又运动了吧？"所以我会坚持去运动。把他人的关注当作动力，强化我的习惯乃至认同感。因为一直坚持的某种运动会成为介绍我的绝佳主题。

第二，去参加比赛之类的活动。当重复的日常变得无聊，可以通过活动来注入新的活力。在我体力旺盛的时候，我参加了六七次全程马拉松比赛，还时不时去参加20千米的半程马拉松比赛。如果有了参加比赛或缩短记录等目标，一直做的运动也会比平时更加充满热情。每次完成登山或长途的徒步旅行后，都会获得如同在大赛中夺冠一样的成就感，也是非常适合持续进行的运动。

第三，不管外部条件如何，只要我想，就在能做运动的时间开始运动。我晚上经常有不少约会或加班，所以很难每天晚上坚持运动。尤其是项目制的工作过多或频繁出差而产生时差变化时，每天的惯例就很容易被打破。所以我经常把运动时间放在适合灵活安排的早晨。当然，晨间型人和夜间型人的生活方式各不相同，因此，重要的是，要找到一个适合自己的、能保证不被打乱的时间段。

最重要的是不要拖延的决心。工作久了，每天的惯例确实很容易被破坏。只要有一次计划被打破，就会出现："下周再开始吧？不，下个月再做吧！"之类拖延的想法。没有完美的惯例，只要有漫长人生、渴望的生活面貌的方向，即使今天的计划失败，明天重新开始就可以了。一天两天没有实现目标不是什么大事。昨天没做好就今天做，今天没做好就明天做！

以后，就像背诵咒语一样，只关注每一步身体行动的瞬间，并为此投入能量，那么每天的疲劳和不安也会变得平静。我祝愿你以坚实的身体和内心，不要放弃你想做和喜欢的所有事情，一直坚持下去。"继续吧，因为我们剩下的就是体力！"

第 7 章
想做的事怎么可能都做完呢?

不久前,我的儿子菲利普大学毕业典礼的那天,我正准备去波士顿。偏偏那会儿正是公司要举行谷歌开发者大会这样一个大型活动之前,我作为核心小组的成员进行准备,忙得不可开交。电脑上打开的浏览器页面有几十个,聊天窗口超过十个。我尽最大的努力集中精力,试图在出发之前完成工作,但时间无情飞逝,必须出发的闹钟响了。连午饭都没有吃,甚至没有时间吃一口零食……按预约四分钟后到达的出租车竟然已经在门口等着了。在车里我仍然放不下工作,等再次抬起头来时发现已经到达旧金山机场了。

"您是哪个航站楼?"

"啊,是A航站楼。"

司机突然睁大眼睛说:"啊?这里的航站楼是用数字1、

2、3区分的!"

正沉浸在工作中的大脑听到他的话一下子清醒过来了。啊,不是旧金山机场,而应该去圣何塞机场。看到我难堪的表情,亲切的司机就像自己迟到了似的,开始加快速度。哎哟,竟然忙乱到这个地步……要争夺每一分每一秒,无论多么努力地管理时间,这样的失误还是屡见不鲜。

每天只有二十四小时

对任何人而言,时间都是公平的。给富人、穷人、能干的人、玩乐的人、老人、学生的时间都是二十四小时。时间真是公平的"不够"。在这样的时间里,职场妈妈还要一边上班一边育儿。不能错过自我提升,下班后要上外语补习班或读研究生;周末不能放弃休闲生活,要和家人去旅行或运动。但是一天的时间只有二十四个小时,所以不可能完成所有的计划。"没时间。"因为这一句话,我们不得不放弃很多东西。因为工作而放弃兴趣爱好,因为育儿而减少运动,为了旅行而放弃自我提升。

如果因为"时间"而一个一个放弃,最终只能剩下维持生计的艰难与空虚。如果这种情况累积起来,短期看来只是没有继续做某项活动,从长远来看,不管是工作本身,还是我们的日常生活,甚至我们会对自己的整个人生变得不满意。不被时间追赶,在自己身上投入越多的时间,我们的成就感和幸福感就会越高。因此,无论如何我们都要把时间挤成一个个小块,努力抽出时间完成自己渴望的事情。

我也常常按秒来使用时间。这是因为我希望能在自己想要的时候、按照自己想要的能量等级来做自己想做的事情。事实上,来到美国后,我几乎相当于生活在全球的每一个时区,如果没有精确地管理时间,就无法很好地开展工作。我的业务量很多,同事们曾问我:"是不是有一个'阿凡达'帮你在工作啊?"我现在五十四岁,就算我能活到一百岁,以后的日子也比已经活过的日子要少。我肯定觉得眼前的每分每秒都很珍贵。

那么,应该如何管理如此宝贵的时间呢?计划在规定的时间内要完成的事情,并完成计划,这通常被称为"时间管理"。小时候只要到了放假,我们都会野心勃勃地制订生活计划表。用圆规和尺子精心制作出整整齐齐的、用五颜六色的笔写好细致的计划的时间表,写好的那天简直太累了,什么都不想做。但在那天以后,整个假期里几乎什么都没做。

这只是儿时的事吗?现在,我们也总是制订无法坚持的计划,然后被计划追赶。从工作到育儿、学习,还有自己的兴趣爱好和甜蜜的假期，想制订能遵守的计划，首先要确定方向。下面我来介绍一下如何把二十四小时过成四十八小时甚至更长时间吧，成为时间的主人——又名"奇迹日常"的建立方法。

成为时间的主人的奇迹日常

建立奇迹日常的第一原则，是确保早晨的时间（是的，人类总是梦想成为晨间型人。嘴皮都要说破了，现在请试一试吧）。睁开眼睛就立马从床上爬起来，不能耽误时间。每天像吃饭一样习惯性迟到三分钟、五分钟的人，请想一想早上睁开眼睛后最先做的事情吧。很大概率就是睁开眼睛躺在床上看手机吧。早上的时间或许是上班族能确保的最长的时间，不要就这样浪费掉。

早起的时间100%是属于自己的，可用来运动、冥想、读书或学习英语。最开始，我把早晨的时间用于准备孩子上学，但又担心上班时间迟到，所以我总是用烦躁的声音催促孩子，不仅身体很累，还产生了极大的负面情绪。本应该充满活力的早晨，我却消极地把所有的能量释放出来了。所以，我干净利落地放弃了早上照顾孩子的工作（当然，因为我的妈妈帮忙照顾孩子，所以这才能实现）。我亲吻了还在睡觉的孩子的脸后，安静地换上运动服出门。作为补偿，我晚上会争取早点回家照顾孩子，陪孩子写作业或陪孩子玩，尽可能一起度过晚上的时间。尤其是职场妈妈，希望可以为自己充分利用早晨的时间（我知道，这是多么难的事情！）。

奇迹日常的第二原则是"专注当下"，100%地专注于现在的工作。对忙碌的现代人来说，同时处理多项任务被认为是21世纪的人类理所当然的能力或成功的秘诀。但是，如果一边吃饭一边看视频，进行视频会议的时候又因为其他事情而和别人聊天，在开会途中读电子邮件等同时处理多项任务，就不能集中精力地完成自己的工作。开会时一边看手机一边心不在焉地听其他人的讨论，会后因不记得会议内容，四处去找会议资料的事情不计其数。

脑科学家们屡次表示我们的大脑不适合同时处理多项任务，也有研究者表示，根本不可能同时处理多项任务。如果没有完全集中于现在做的事情，就无法记住，如果不能记住，就会浪费时间重新寻找相关内容。不要为了一件事付出两次精力，也不要提前担心下一个小时要做的事情，提前担心只会降低现在工作的生产力。

比起写下待办事项，要确保自己有时间

建立奇迹日常的第三原则，不要写待办事项，而要安排好日程表。一项调查结果显示，被上班族列入要做的事情清单中的事情有41%当天完全没有进行，被推迟到了第二天。想到"要做什么"时，不要只写需要做的事情，应该先找日历。每天要做的业务和预计所需的时间都反映在日历上，如果不确定好时间，只是堆满了要做的事情，最后只会因为优先顺序而不断推后。虽然是重要的事，但不想此时做，于是就会被拖拽到日程表的下端，之后可能又会因为时间不足而默默放弃。相反，如果养成按日历安排工作的习惯，首先已经确保了时间，且因为要在这段时间内解决某项任务，所以专注力会提高。

此外，如果意识到时间有限，就会加快以前的日程和之后的日程之间的转换。如果打算六点下班回家，吃完晚饭后八点运动，就不会拖拖拉拉的，而是想着："要来不及了，快去快回！"然后马上起身行动。不断地训练在规定的时间内完成任务，转换的能力会越来越强。在那段时间内没有做完的事情，调整日程表、重新安排时间，快速进入下一项工作。通过日程表，一边看流程一边计算："接着这个会议处理这件事就行了！"就能更有效率地利用时间。

平衡工作和生活，消耗与填满的和谐

在讨论奇迹日常的下一个原则之前，首先我们应该思考的重要概念是"平衡工作与生活"的定义。人们倾向于将"准时下班"视为平衡工作与生活。但是，正如大家所经历的那样，现代人很难机械地划分工作和生活的时间，例如工作八小时、休息八小时，一周工作五天、休息两天等。因为我们不是机器。

事实上，区分工作和生活本身就很困难。例如，为了职业方向而投入的自我提升时间是工作还是生活？与行业同僚互动、建立人际关系网呢？读研究生或参加研讨会学习呢？这不仅是为了未来的职业生涯，同时也是为了进一步向前发展而充电的时间。工作和生活的界限是如此模糊。

如果一定要将我们的生活分为两个领域，我会分成"充实自己的事"和"消耗自己的事"。准确来说，是"创造能量的事"和"消耗能量的事"。我们在工作中主要是消耗精力，不仅是在消耗肉体上的能量，还得"消耗"至今为止所学习、掌握的知识和经验。下班回家后，与家人一起度过或进行趣味游戏，或者把疲劳的身体躺在床上休息，以"补充"消耗的精力。像这样，我们的日常生活就是能量被消耗再填满，又被消耗、继续填满过程的延续。

那么，如何在填满和消耗之间找到平衡呢？"平衡"是指不偏向任何一方的状态。其实，如平衡轴一样在上上下下的过程中保持"平衡"的状态只有一瞬间。也就是说，如易碎品一般。因此，在解释"平衡工作与生活"中的平衡时，比起均衡，我更喜欢"和谐"这个表述。换句话说，我认为保持工作与生活的平衡是在创造能量和消耗能量之间找到属于自己的和谐状态。

最后一个原则，长远地看待自己的人生

现在，我们来看一下为达成奇迹日常的第四个原则。不要以天或周为单位，而以年为单位制订工作和休息的计划。如果机械地将一天分为工作的时间和休息的时间，那么当有大项目或很难遵守工作时间的时期时，平衡就容易崩溃。如果正在负责大型项目，即使机械地"准时下班"回家，也很难不牵挂那项工作。虽然身体已经在家，但心里依然在担心工作，因此无法正常休息。在一年中，区分开专注于工作的时间和休息的时间，计划不一样的日常，可以更有效地运用时间。

首先以年为单位制订好计划后，区分那天的日历时，最

大的优点是不会产生因太忙而错过什么重要东西的负罪感。例如，一年的时间里，我最想遵守的时间就是年末的休假。首先计划好年末的休假，这是我焕新自己最重要的时间，为了遵守这个计划，我拼尽全力地生活了一年。如果因为盲目地工作而错过休假时间，就会想到"我为什么这样生活"，很快就会失去动力。

奇迹日常的最后一个原则，是长远地看待自己的人生，请以五年为单位来描绘自己的人生方向吧。比如，能集中于自己的时间相对较多时，投入学习或兴趣生活中，积累多种经验和人脉。如果有了伴侣，组建了家庭，那么会优先考虑适应新形成的家庭共同体、为站稳脚跟而安排更多的时间。等孩子长大，再次回到拥有更多个人时间的时候，就可以重新回到专注在工作的日常安排。像这样按照主要周期来计划和安排能够更专注在自己的时间和努力上，调整节奏，之前思考"现在走的这条路对吗？""比别人晚一些开始也没关系吗？"的焦躁与不安也会迅速平息，重新找回平静。

归根结底，所有的原则都是为了完成自己想要的事情而存在的。时而快速，时而缓慢，建立起不失去自己的节奏、持续向前走的时间原则吧。能把二十四小时变成四十八小时的魔法，是送给那些努力勾画人生蓝图、每天诚实而珍惜地生活的人们的礼物。

在昨天宛如今天，今天像明天一般的日常中，
很难察觉到自己成长了。
成长并不是只要做好工作就会自然而然达成的。
如果不想错过未来我能做的事情，
就要建立一个每天都能填满自己的、
只属于自己的"充电系统"。

第二部分

越学习就越广阔的未来之路

第8章
我人生中最糟糕，但也是最棒的失误

"露易丝，你为什么这么拼命地学英语啊？你现在的英语水平已经能充分胜任目前的工作了。"

有一天，一个职场后辈这样问我。

"我这样做肯定是有原因的啊。"

我在美国留学后马上进入外资公司工作，商务英语就是我的日常用语，但进入谷歌工作后让我大吃一惊。为做好自己的工作而要求具备的英语水平和强度完全不是一个级别的。几乎所有的业务都有一对一会议或团队会议，每天的工作都被会议塞得满满当当的，英语的重要性不言而喻。

三十年职场生涯中最糟糕的失误

加入谷歌韩国分公司约三年的某一天,谷歌韩国分公司所属的亚太地区召开会议。这场会议同时有分布在七八个城市的约五十名公关部门的同事参加,大家进入视频会议,这次会议理所当然是用英语进行的。

那天我还有一场七分钟左右的演讲。因为要把在韩国成功进行的项目介绍给其他国家的团队,因此除了内容本身,我还很在意要发挥好演讲。那时,英语演讲对我来说还是要特别准备的事项,看到英语演讲得很好的人,我仍会投去羡慕的目光,心想自己什么时候才能达到那样的水平。因此对这个难得的机会,我怀着愉快的心情做了万全的准备。会议前我甚至写好了脚本,哪些话应该怎么说,然后全部背下来,并一丝不苟地演练了可能收到的提问和回答。想着至少这次演讲,我要完美地完成。

因为是视频会议,一般韩国分公司的员工会聚在一个会议室里一起接入,但为了专注于那天的演讲,我单独申请了一间会议室。会议终于开始了,其他组员在分享新产品上市等重要的事项和内容,而我因为紧张,除了一会儿的演讲,脑子里什么都装不下。终于轮到我了:"露易丝,话筒交给你。"

现在想起来也不知道当时为什么会那样,说完"大家好"之后,我马上就开始了自己的演讲。每一个单词,每一句表达,我按照背诵好的脚本进行着演讲。但因为过于专注,演讲时我没有看视频画面,而是一直用一只手扶着额头看向桌面。

就这样,七分钟的演讲结束了。啊,我做到了!我用一种痛快又满足的心情激动地说:"这就是我的演讲,请问大家有什么问题吗?"这时我才抬头看向视频画面。咦?屏幕里的同事们好像都在讨论着什么事。他们不仅没有听我的演讲,反而都在聊天。对话的主题和我的演讲也毫无关系。这是怎么了?为什么没有人听我的演讲呢?正当我慌张地左顾右盼时,我突然发现,我竟然一直处于话筒静音的状态。天啊,演讲的七分钟里我竟然一直关着话筒在自说自话吗?

为了解决现在的情况,我赶紧看了电脑,看到几个聊天群里全是组员们给我发的信息。亚太地区的全体员工群,我们小组的聊天群,在中国香港地区、日本和新加坡的同事们发来的信息挤满了窗口。所有人都在说一件事:"露易丝,你说的话我们一句也听不到,快打开你的话筒!"

这时我才反应过来,不管同事们怎么着急地发信息告诉我现在的情况,低着头专心于演讲的我都没能察觉到。我一再没有应答,他们只好留言:"我们跳到下一个主题吧"。

在他们转到别的话题时,我一个人喋喋不休地进行着自己的演讲。后来从组员那儿听说,他一直在叫我的名字,等了我一分钟左右。

我竟然犯下这样的失误。参加视频会议的人大多数会犯忘记打开静音按钮的失误,但一般也只是三五秒钟茫然一下。我竟然有七分钟的时间……我竟然自言自语了七分钟。直到一个听到我演讲的人都没有,已经跳到下一个话题的同事们看到视频中我独自演讲的样子会作何感想呢?我从来没有在那么多组员和同事面前如此丢脸过。

在三十年的职场生涯中,当然会有大大小小的失误,也有很多被上司训斥的经历,但从来没有如此丢人和迷茫过。我费尽心思想要掩盖英语没有那么好的努力,反而酿成了如此低级的失误,想要隐藏的弱点此时昭告天下。一点儿都不夸张地说,这是我职业生涯里最糟糕的失误。

"哎呀,露易丝,不要放在心上,不要那么沉甸甸地记在心里。忘记打开静音按钮是大家都会有的失误。"一个职场的后辈安慰负罪感达到巅峰的我。"是啊,大家都会失误的。但是我一个人自言自语了七分钟啊。在我演讲的时候,大家都聊着其他的话题不是吗?"

"啊……是,七分钟,是不短。哈哈。"

露出弱点并学着接受

是的，谁都会有失误。但是对别人来说很微小的事情，对另一个人可能是睡梦中都会惊醒的黑历史，更不要说因为那个失误而公开了自己的弱点。担心自己的弱点被公之于众，担心暴露弱点后自己会被这个世界吞噬。但隐藏自己弱点的一连串行动往往如冲破坍塌的木桩涌进来的水一般，会吞噬我们的生活。

脸谱网（Facebook）前全球广告主管卡洛琳·艾弗森（Carolyn Everson）的经历很好地说明了这一点。她率领脸谱网约在五十五个国家、超过四千名员工，曾创造超过八百亿美元的营业额，但即使取得了这样的成绩，她仍然时常担心自己如果突然被解雇了该怎么办。如果上司突然发起会议，或手机上有上司的未接电话，她都会担忧："是不是解雇我的通知？"自己决定并执行的工作只要出现一丝错误，她都会焦虑到无法呼吸，在作出每个决定的瞬间都没有什么自信。

就这样，到了女性领导力日当天，卡洛琳要在千余名女性面前演讲。她正等着自己演讲，却因毫无由来的紧张而发抖。突然她像下定决心似的看向站在一旁的当时脸谱网首席运营官雪莉·桑德伯格，然后说："我为什么对自己如此没有自信呢？也许是我曾经被解雇的经历造成的。"那天，卡洛琳首次分享了隐藏在内心深处的痛苦经历。

那是大约发生在二十五年前的事情，此前她从未在任何简历或全球职场社交平台领英（LinkedIn）上公开过这段经历，她曾是当时备受关注的初创企业Pets.com的创始成员。她在哈佛商学院就读期间创立的创业公司大获成功，她成了同学们的偶像。但因与当时公司的CEO对公司的发展蓝图看法不一致，在研究生毕业典礼前夕，她被自己创立的公司解雇了，甚至还是在出差时通过一纸传真被通知了这个消息。在风头正劲时突然跌入失败的深渊，她受到的冲击非常大，自尊心受挫，自我认同也跌入谷底。她说，此后她一次也没有说过有关Pets.com网站的话题，以为只要不再提起，就不会想起那段经历了。

那之后，卡洛琳仍然接受了最好的教育，一步一个脚印地积累自己的履历，但总是担忧会有人窥探她的过去，指责她的成功是虚幻的。如果一直不接受二十多年前被解雇的事件，那么她将永远也无法从不自信和恐惧中解脱。因此她鼓起勇气，说出了自己失败的经历，暴露并接受了自己的弱点。

在职场上，我们很忌讳袒露自己的弱点和真实的情绪。因为我们认为那意味着失败。那么，当卡洛琳讲述她隐藏了二十多年的失败经历时，同事们会有什么反应呢？令人惊讶的是，她获得了巨大的共鸣和声援。"啊，原来她也是曾经历过失败的人啊，那我失败了也没关系。"在这场演讲中，卡洛琳作为硅谷和女性领袖的导师及代言人，传达了"弱点和自信相伴而生"的信息，现场的众多听众对她的故事深有同感。

把最糟糕的失误变成最棒的失误

暴露自己的弱点意味着承认自己的弱点。当因自己的弱点而失败时，只有先承认这一点，才能想象下一步。如果能从失败中感悟到并学到什么，就可以将其变为克服困难的努力。

偶然在播客听到的卡洛琳的故事给了我很大的勇气。虽然与被赶出自己创立的公司这种令人心痛的解雇经验相比，我的英语失误只是一个很小的失误，但每次想起这个让我感到最羞愧的失误事件，我总是会变得畏缩。我的职位是公关总监，但因为英语差，在那么多人面前做了如此丢人的失误。这是一想到就让我感到不寒而栗的记忆。

但是我并没有止步在这次的失误上。与其被一次失误束缚，变得畏首畏尾，不如下定决心不再出现这种情况。而且从那天开始，我开始拼命地学习英语，不再抱着用普通的英语水平糊弄过去就能万事大吉的态度。如果不解决根本原因，而是急于"掩盖"问题，只会越来越失去自信，害怕不知什么时候被发现自己如此无能。于是，我不管行不行，每天花三四个小时努力学习英语，曾经在每次糊弄过去后涌上心头的恐惧情绪就会逐渐淡去。偶尔对学习感到厌烦的时候，就会回想起当天的经历，督促自己静下心来认真学习。

我的英语水平一点点提升后，我开始向身边的人说起那次的失误。我向那些以为我在谷歌的公关部任职，英语实力一定很突出的人们说："我曾犯过这样一次失误，所以到现在还在努力学习英语。"逐渐地，心里反而放下了这次失误。当我故意把人生中最想隐藏的经历当作笑谈说出来时，大家都笑着表示自己也有过类似的经历，纷纷发出共鸣。越是敞开自己，羞愧的记忆就会变成愉快的记忆。

最糟糕的失误成了我人生中最好的失误。当天丢脸的经历成了在此后的十多年里一刻也不放松英语学习的助力剂。那时，我根本没有想过什么时候会去美国工作，可以说我在无意中做好了去美国工作、生活的准备。时间就是这样的，能把最糟糕的变成最好的，简直充满魔力。

第9章
克服冒充者综合征的学习自信

不久前,谷歌以200多名女职员为对象,进行了名为"克服冒充者综合征"的项目。"冒充者综合征"是指不断地重复"我没这个资格""我不适合这里"的想法,认为自己没有别人聪明,也没有真正的实力,是在欺骗别人,所以无法显露对成功的渴望或喜悦的一种心理模式。虽然实际上自己有这样的能力,但是周围的同事们都非常出色,因此不断地过低评价自己,自我否定,变得没有自信。

折磨谷歌众多工作人员的冒充者综合征

令人惊讶的是,这也是让许多谷歌的工作人员备受折磨的心理现象。在与谷歌领导人对话的活动中，经常会出现这个问题："你有冒充者综合征吗？如果有的话，你是怎么克服的呢？"认为自己不如别人而失去自信，会对工作产生影响，情况严重时，就会"毫无意义且过度"痛苦地度过每一天。那天，一起听演讲且认识了十多年的同事给我发来这样的信息："露易丝，你应该没有经历过冒充者综合征吧？在过去的十年里，我们一起工作的时候，从来没见过你有类似的情况。"

看到这个问题，我心里一阵泛酸。因为我正是过去和现在都在经历着冒充者综合征的人。我是那个总比别人出发晚的人。因为深切地感受到了这一点，所以经常会自我贬低，认为自己比别人落后。在学历优秀、工作出色、充满自信的同事身边，我总是不敢施展拳脚。回想起那样的过去，我这样回答了同事的问题。

"我也经历过这样的情绪，直到现在还在被折磨。只不过，我尽量不去想它。我会集中精力做自己擅长的事情。先接受自己，做不到的就是做不到，然后就开始做自己能做的事情了。如果不这样做，就会经常担心'总有一天别人会发现我的弱点'。所以我只是专注地做我擅长的事。当然，最重要的是，为了进步而努力、学习、投入时间。自信是在投入绝对时间的时候产生的。"

那天,活动的结论是"并不是只有我会这样"。每个人都会或多或少对自己有所怀疑。重要的是不要被弱点束手束脚,要寻找自己做得好的事情。专注于自己擅长的部分,然后付诸行动在如何才能进一步发展自己的长处上。

我配得上这个职位吗?

二十多岁时,我在内布拉斯加大学林肯分校攻读完MBA市场课程,并获得硕士学位后回国,进入摩托罗拉韩国分公司的宣传组工作。当时,作为一名从德语系毕业的女性,在大企业就业的方法似乎只有读MBA。即使最终在超过三百名的应聘者中脱颖而出进入公司,我仍然总是怀疑:"为什么会选我?""是不是选错了人?"始终充满压力。而且,需要公关沟通专家的岗位选择了营销专业出身的我,这也让人感到意外。真正开始工作后我才发现,宣传和公关的工作与我在MBA学习的"市场营销"有重叠的部分,但两种工作的目标和战略、战术都是不一样的,甚至每一个专业术语都让我感到很陌生。

不了解宣传就无法胜任宣传工作。一开始,我的工作不尽如人意,即使有再好的想法,也没法自信地说出来。我

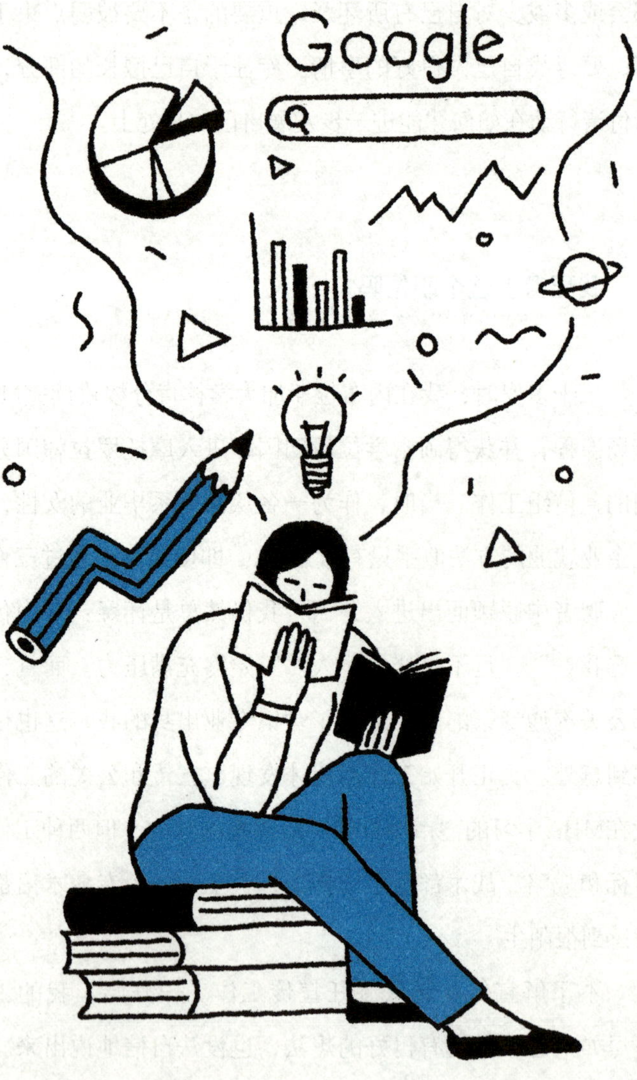
Google

三十岁了，比别人开始工作得晚，所以更想尽快地让工作走上正轨，这种焦虑占据了我所有的情绪。因此，我每周都到书店阅读相关的图书，还参加各种讲座和进修项目，勤奋地学习。但是无论怎么努力，都很难消除我"勉强"才能跟上工作的感觉。向上司学习或直接体验，也可以像大家说的"摸爬滚打着学习"，这些当然都是可能的，但我的心里被焦躁填满，无法隐藏想要更快、更系统地掌握工作的欲望。似乎只有成体系地积累经验，接受前辈们的建议，才是无敌的状态。

如果只是单纯地想做好工作，只要尽快地积累更多的工作经验就可以了，不是吗？有人也许会这样问。现在想来，我想做一个充满自信的人，而不是一个能干的人。如果没有自信，就总是会嫉妒比自己更有能力的人，对他人恰当合理的建议充满防备。要想把他人的建议运用为改进自己的动力，要有对自己的信任，这样才能帅气地回答："你说得对，我会在这一点上努力的。"是的，去积累对自己所说的话充满自信的基础吧，成为不管谁提出问题，都能自信回答的专家。

在寻找可以兼顾工作，还能系统学习的方式时，我发现了一个非常适合自己的两年夜间研究生课程。我要把自己投入学习系统中，迫使自己坚持不懈。如果没有极强的意志让自己坚持坐在书桌前,作为上班族很难抓住晚上的时间,因此我认为和别人一起学习是让我不半途而废的好方法。就这样,我二十多年里读完五个研究生的漫长学习经历开始了。

不断在大脑中填充新的"燃料"

一开始,在延世大学念媒体宣传的研究生时,我已经怀孕四个多月了。也许是工作和学业都有些吃力,我当时身体不太好。医院警告说这样下去有可能会流产,让我绝对不能再拼命工作了,几周后还住了几天医院。但习惯的可怕之处在于,即使是在这种情况下,下班后我仍然想都没想就去了学校。不知为何,感觉那天从学校大门走到教室的路非常遥远,每走一步,天空就会旋转,呕吐感不断涌上来。就那样走了几步,我终于无法抑制地把食物都吐了出来。

都这样了还要学习吗?因为孕吐,我感觉天空都变成黄色的,但既然都到了学校,不能再回家去。第二年的5月1日(在劳动节进行了分娩劳动)我生下了儿子菲利普,产假期间没能听课,所以没有参加期末考试。一直到9月假期结束时,我再次回到了学校。

虽然我一开始学习的契机是为了职业发展,但如果只是为了工作，也许我不可能如此地投入到学习中。就像孩子总会在藏着零食的地方打转一样，我非常喜欢在学校的时间。学习本身带给我的能量，就是我完全沉浸在学习中的理由。因何种刺激而进行学习，或者在哪里学习，可能每个人都各不相同。但是努力学习的人们聚集的地方，有一种共通的具有生产性的、健康的能量。在公司因高强度的业务而筋疲力尽，因孕吐连走路都是苦差事，但只要一进入学校，我就充满了能量，就像被注入了新的燃料一样。投入学习的瞬间，对未来的不安就会消失，取而代之的是对自己模糊的信任和积极的能量。我完全享受着这种如毒品般的愉悦感受。

除了补充知识和见解之外，研究生期间的学习还填补了我很多其他的东西。在与该领域最优秀的教授，和在其他行业、其他公司工作的人进行交流的过程中，可以直接或间接地大幅扩大自己的经验。一般，人们都认为在研究生院学习时会得到"知道什么"，但到目前为止，在研究生院学习的过程中，我获得的最大资产是"懂得如何做""懂得去哪儿"和"知道找谁"。比如，当出现某个问题时，虽然无法马上想出解决方法，但如果知道往哪个方向尝试或与谁联系、如何提问才能解决，那就没有比这更强大的力量了。无论遇到怎样尴尬的情况或难关，甚至是遇到一个很小的问题，只要知道这些方法，问题就能迎刃而解。

只要竭尽全力、投入足够多的时间去准备，就不会后悔，也不会退缩，在每一个当下都能心态平和应对所发生的一切。只要走进学校，在公司里困倦不堪的我都会睁大眼睛，努力学习让我抬头挺胸、眉目舒展。自信最终来自自己已经投资的时间。所以，我自信的源泉，就是在研究生院的学习。虽然现在可能不如别人，但每时每刻都在学习的状态才是打造比昨天更好的自己，让我克服冒充者综合征的强力武器。

第 10 章
如果不想让自己只剩下疲倦与枯竭

我们要上班到什么时候？以二十多岁进入职场来算，三十岁出头正是埋头工作的时候，到四十岁可能会担任中层管理者，四十多岁时如果有机会的话，可以走上部门负责人或高层管理人员之路。无论是自己创业，还是寻找另一份工作，在感到筋疲力尽、难以对公司产生影响的瞬间之前，我们都会持续工作。

五十四岁，虽然年龄并不重要，但算起来我应该是谷歌总部公关团队中年龄最大的女性总监。我读研究生时互联网还不发达，二十多岁进入公司后我第一次接触到电子邮件。我所学的知识还没有派上用场时，互联网就彻底改变了公关和市场营销工作的结构。还有现在，每天都能切肤感受到不断更新的内容与速度，比过去任何时候都更加迅猛。也许我可能是谷歌公司里最不熟悉电脑的人，艰难地跟上每天不断出现的新闻和新的行业资讯，这也让我感到吃力。此外，即使读两三遍行业里新推出的技术或产品的说明，也搞不明白是什么意思。我真的能跟上这些变化吗？我的头脑，还有努力推迟戴老花镜的时间，一刻也不敢离开书和屏幕的眼睛真的能撑下去吗？我的硅谷生活就是在这样的疑问中开始的。

一味地消耗自己，会迎来职业倦怠

那么，在互联网还不如现在发达的时代，毕业于文科系的人，是如何在五十多岁时还能毫不气馁地在谷歌这个技术公司工作呢？那就是通过不断的学习。在持续消耗所学内容的职场中，我建立了只属于自己的充电习惯，建立了"输入系统"，持续学习新的东西。现代人都需要不断学习，但我总是渴望输入新的东西。五个研究生的学习经历只是我所运行的输入系统中的一部分。

仅仅是上班都已经感觉很疲惫了，还要把学习新知识培养成习惯？如果想拥有"不疲倦的头脑"，当然要这样做。一边上班，一边学习，并不是一件容易的事情。工作就已经让我们疲惫不堪了。但如果不断消耗之前所学的东西，不补充新的东西，总有一天会见底。请看下面的例子，确认一下自己的能量状态吧。

上班的路上已经像工作了十二个小时一样疲惫不堪。

一到公司就有很多需要紧急处理的事，根本顾不上自己真正想做的事情，提出新想法更是一种奢侈。

昨天如今天，今天像明天。这种无力的感觉持续存在。醒着的大部分时间都在公司度过，但一刻无法感到快乐。

我在这个组织里有什么贡献？公司日益壮大，但努力工作的我为什么还在原地踏步？

总有自己的东西被一个个拿走的感觉。真担心这样下去自己会成为一具行尸走肉。

怎么样？全都说中了吗？

如果是，那么你现在就处在职业倦怠，即枯竭的状态中。

唯有成长能战胜无力感

上班族感受到的这种消耗感和无力感，可能有多种原因，但通常会在三十岁出头，也就是差不多工作五年之后出现。准确地说，这是大学时期为进入职场而学习到的东西已经消耗尽的时刻，也是意气风发地想进行各种尝试后，明白职场不是自己能随心所欲的地方,心理上跌入谷底的时期。同时,在忙于工作、认真努力的时候,也会开始产生莫名的不安。我已经耗尽了所学到的一切知识和经验,却没有被再次填充的感觉。急于完成被分配的工作,在某个瞬间突然发现自己已经筋疲力尽。

三十岁我做代理[1]时的最后一段时间也一样。当时公司部长级以上的女职员屈指可数,我开始担心升职的问题。我的第一份工作在外企,情况虽然比韩国本土的企业好一些,但当时的大环境都差不多。虽然所有人都在十分努力地工作,但在我看来,男同事们就像生活在家—公司—聚餐的转轮里一样。下班后聚餐持续到深夜,第二天神情疲惫地上班,再回顾前一天的对话主题,并开启新的对话。就这样,他们之间的关系越来越紧密了。

每当看到男同事们相对更快地升职(或看起来是那样)时,我都会嫉妒并变得急躁。在所有部门负责人和管理层都是男性,女性中层管理者屈指可数的组织中,我应该如何成长?难道要把晋升部长作为最大的目标来工作吗?还是我也要进入男性同事的圈子?(虽然我觉得融入男同事的圈子也

---

1 韩国职场的一种职级,摆脱最初级员工的职位,向上还有组长、科长、部长等。

不太容易，也不想进去。）如果不能晋升，那我所做的事情真的有意义吗？

在我如此消沉、陷入失落的时候，有一个人吸引了我的注意。她就是市场营销组唯一的女性部长。在我看来，她的分析能力和判断力卓越，工作细致，英语也很好，是一个非常优秀的人。但很奇怪，她的成绩总是得不到认可，让人感觉她是组织里的边缘人。我不明白为什么这样优秀的人也得不到晋升。但她却毫不在意这一点，非常从容。

她把充实自己放在首位，努力地了解最新的趋势和技术相关的信息，学习英语，总是严格地要求自己。果不其然，不久后她就被美国总公司的战略部聘用，在之后的十年里负责全球战略业务，获得了很多人的认可。她的故事充分展示了向上走唯一确定的路径只有提升自己的实力，即使你出发得比别人晚一些。

原来如此，这时我才明白。当开始思考什么能给自己的职业生涯增添价值时，成功的人会以此苦恼为契机，提升自己的专业能力。不被任何人动摇、不因疲惫而停下的力量在于不间断地"成长"。

职场上的每一天都是战场，但如果不断反复这种紧张感，人必然会变得迟钝。在这种情况下，把我们从看不到尽头的无力感中解救出来的就是成长的经验。因为我努力工作而被公司认可，只凭这点是无法满足上班族的。我比昨天变得更好了，开始看到之前看不到的东西，找到自己的新位置，拥有能说服他人和自己的内在逻辑时，才能在职场上坚持不懈地往前走。尤其是在我的努力下，公司的销售额提高了，公司也获得更好的发展的情况下，如果自己没有取得成长，而是在原地踏步，就自然而然地会失去对工作的激情和热爱。这样持续一两年后，最终就会变得疲惫不堪。

并不是努力工作就一定能获得成长

成长不会因为你工作做得好就能自然而然地实现。工作是消耗自己的事情，并不是填充。只有消耗，不去寻找自我充实成长的乐趣，相当于自己放弃了发展。如果不想错失自己的未来，就应该每天坚持不懈地建立自己的"填充系统"。

并不是说一定要去读研究生。事实上，读研究生需要在经济上付出一笔大投资，可能会造成很大的负担。普通私立大学研究生院的一年的学费远远超过一千万韩元，很难轻易劝说别人选择这个方法。即使在因经济问题很难负荷的情况下，也有许多能提升自我的机会。比如可汗学院（Khan

Academy）等类似的许多大学运营的多种在线学位项目，如果能好好利用这些平台，对职业发展也会有很大的帮助。

如果公司内部有帮助员工提升的项目，可以趁机利用。最近，谷歌针对工作十五年以上的员工做的一个访谈中的问题就与此有关："在谷歌的各种支持项目中，你最喜欢哪一个？"我最喜欢谷歌提供的自我提升费用支援项目。但是，这个相当于支援了研究生院一年学费的福利项目，周围的同事却没有100%地使用这些费用。不，好像连一半都用不完。我回答了这个问题："我每年都会花光公司所支援的全部自我提升费用。我希望其他同事也能挑战使用全部的自我提升费用。"

之后，我也发现，一直诚实而努力学习以确保自己专业性的人，随时都能展现出自己的真正价值。因为时间不会说谎。抽出时间不停地学习的人不容易累。付出越多的时间进行深入的学习，就能走得越远；学习的范围越广，看到的世界也就越宽。这就是我强调即使慢一些，即使现在看不出其价值，也不要放弃学习的原因。

平衡生活

第11章
学习造就的未来之路

"集满五个硕士学位就会给你一个博士学位吗?"这是在我准备考第五个硕士学位时,朋友们取笑我的话。当然不会给。在我工作的所有公司里,我经常会换部门。每当接手新的职务,需要新的知识时,我都会先在网上搜索研究生院,寻找我需要的知识和课程。学习是我可以毫无畏惧地扩张职业版图的最佳武器。与其担忧"我能做到吗?",不如投入时间去学习,学习成了我任何时候都能依靠的东西:"学就行了,不是吗?"

"学位收藏家"的职业导航

在延世大学的媒体宣传研究生院读第二个研究生时，我在摩托罗拉韩国分公司的宣传组工作，三年后我转到了战略营销组，主要业务是在线营销。当时，我只会使用电脑的Word文字处理程序，连Excel的基本功能都不会。这样的我也不知道如何理解数据库营销或数据挖掘的概念，并将其应用到营销中。因此，这次我选择了庆熙大学研究生院的MBA-e商务硕士课程。当时，庆熙大学是唯一一个单独设置电子商务硕士课程的学校。

第四站是首尔大学的行政研究生院。我跳槽到谷歌韩国分公司的公关组后，最关心的就是"网络政策"。2000年，随着超高速网络的快速覆盖和智能手机的登场，出现了前所未有的商务模式和市场，也出现了各种与之呼应的产业政策和消费者政策。例如，旨在防止网络上有害信息和恶意回帖的"网络实名制"等政策，在短短几年里就以阻碍表达自由、不具有公益性为由，被大法院判为违宪。也就是说，曾经作为义务收集居民身份证号码的行为，在短短几年后就成为非法行为，情况完全反转。我认为，作为IT产业的从业人员，应该具备能提前把握技术发展与新平台登场带来的网络政策方向性的能力，并为之做好准备。因为想比任何人都快，也想深入学习，所以我选择了在网络政策领域里令人尊敬的教授所在的首尔大学行政研究生院政策系。这是与在一线行政及政策领域经验丰富的教授和讲师见面，直接在现场听取如何制定政策、立案以及如何执行的宝贵机会。

我最后一个研究生学位在首尔科学技术大学数码文化政策研究生院获得。啊，这次终于进入了博士课程。我想和优兔（Youtube）的创作者们见面，了解技术带给我们社会的变化，比如对职业的认识和对生活产生的影响。可惜的是，学业中途我最终选择前往美国，没能完成学位，但我在谷歌的全球公关组所负责的国际性讲述工作，就是在把温暖的技术故事传达给大众，可以说我的职业路径与学习是同步的。

我刚开始寻找的是对实际业务有帮助的学习课程，简单地说就是学了之后马上就能在工作中用上。随着职位提升，我开始转移到学习能制定政策并解读行业的领域。也就是说，学习的课程与职业导航的过程完全一致。《财富》对500强企业首席执行官的调查结果显示，成果指数越高的人才，越会把更多的时间用在自我开发上。也就是说，能取得突出成果的人通常非常明确地知晓自己应该具备什么能力。如果自己有关注的领域，首先应该知道在该领域实现下一个飞跃需要什么能力和知识。

学习，是坚持的过程

在入职面试中，我个人会另眼看待从夜间研究生院毕业的面试者。不是因为这个人有"研究生学历"，而是在兼顾工作的同时还能进行夜间研究生学位课程，这体现了为自我发展而做的努力，以及至少两年时间里的自我管理和坚持。下决心开始学习已经是一件很难的事情了，真正能按时到达教室就更难了。

实际上，交了那么贵的研究生学费后能坚持上课的人很少。下班想去上课的时候，偏偏来了紧急电话；上司或合作的团队偏偏在快下班的时候交代了工作；课业期中考试的日期偏偏和团队聚餐的日期撞在一起；帮忙带孩子的阿姨偏偏在要去上课的那一天说有事要早点离开……每天都有不去上课的借口。因为是上班族学习的地方，只要心一横，想着"今天翘一次课吧"，就很容易中断。如果开始这样翘一次课，休学一次，就很难再回到学校。如果能坚持两年这样的学习过程，难道不应该认可他的坚持吗？

学习终究是坚持的过程。即使是学起来很难的科目，也要先坚持下来。对文科生来说，要求必修微积分的微观经济学就像是在读阿拉伯语。上完前两节课后，我开始苦恼是否应该放弃这门课程，但还是决定坚持一下："哎，硬着头皮学吧。听不懂就问认识的朋友和助教。现在放弃了，也不能保证下学期能做得更好。"只要抱着守住上课座位的心情来学习，哪怕只有身体来到了教室，总有一天会开始习惯学习。利用学习小组也有助于"坚持下去"。每个人的优点都不一样，学习小组里一定有擅长某门科目的朋友。按照朋友的要求一起吃饭、一起学习，肯定能在交流中学到一点东西。跟这些因努力学习而结成"战友爱"的学习小组的同学们在一起，还能向他们倾诉无法和公司同事倾诉的苦恼，甚至发展成互相安慰和鼓励的朋友。教授也一样，上课时是老师，但相处的时间长了，每当我有想了解的问题时，能随时咨询他们，教授们成为我坚实的支持者。

应该持续不断地学习

来到美国后，我的学习旅程也没有结束。在这里，我参与了名为"Page Society"的两年课程，这是一个公关领域代表性的学会组织。该项目在全世界范围内选拔约六十名公关领域的高管进行支援。公司每年会提供超过一万美元的学费支援，还会报销每个季度在不同城市举行的三天两夜课程的机票和酒店等所有经费。这是一个自己只需要努力学习就行的"自动扶梯"项目。但是,即使得到如此全面的支援,也有很多人难以坚持学习或抽不出时间学习,有一半的人会中途放弃。目前该项目已经进行了一年左右,现在有一半的人已经休学,只有包括我在内的三十人还在继续。我们同样每天都十分忙碌,也很难一直把学习放在第一位,但能坚持到最后就是胜利。

即使你认为坚持做一件事非常俗气也没关系。就这样多年来始终坚持着学习,我最后走上了自己非常满意的成长之路。因为沉迷学习,我忘记了自己的年龄,比起对未来的恐惧,我反而对明天的自己将迎来怎样的全盛期充满期待。每天都能坚持学习的人才能获得自己能遇到的最好的结果。我对这点坚信不疑。

第 12 章
并不是运气好,而是你做到了!

我有一个与姐姐们和妈妈分享日常生活的四人聊天群。来到美国后的三年里我都没有回过韩国,可以说这个聊天群是我们聊各种话题的唯一窗口。即使在群里能百无禁忌地聊各种事情,不知为何我很不愿意谈论自己的工作。我的两个姐姐,分别是护理老师和幼儿园教师,我的职业和工作对她们来说可能有些陌生,同时也担心作为老幺的我看起来似乎比姐姐们更成功,所以我不太会主动提及自己的工作,我也会犹豫要不要在群里发晋升的消息。在兄弟姐妹中,只有我一个人去留学,然后进入外企工作,并一步步打造了自己的事业。在这些过程中,我不与父母住在一起,从初高中时期开始姐姐们就照顾我,某种程度上,我的成功是建立在姐姐们的牺牲之上的,我对此有亏欠她们的感觉。

有一天，我在群里分享了在国内的博客上所发表的关于我的事业的文章。那篇文章讲述了我在谷歌取得的职业成长和成就，我在群里分享了文章后，还补充了这样一句话："妈妈，姐姐们，我真的很幸运！"结果姐姐们马上就回复了。

"什么运气？是你做到了。这都是你努力的结果。"

啊！看到这句话的瞬间眼泪在眼眶里打转。感谢姐姐们理解我的努力，她们由衷地为我的成长祝贺的那些话也让我感到后悔，我是不是太过于强迫自己了，从来不在群里分享自己的事业。

我们常常强迫自己保持谦逊，说自己所取得的许多成就是因为"运气好"，但那并不仅仅是因为运气。虽然不是什么值得骄傲的事情，但我在高中时从来没有睡觉超过五个小时，进入职场后超过十年里我晚上都在继续读研究生，不断地学习。我总是在自己的位置上竭尽全力。我把这样的努力归结为运气，但是在我身旁一直关注、守护着我的姐姐们提醒我，这些都是我努力的结果。

雪莉·桑德伯格曾说过如果某件事做得好，女性们会说"因为自己运气好或者是得到了别人的帮助"，而男性们则会理直气壮地说"因为我做得很好"。事实上，所有成功的背后都有许多人的努力。也没有任何一个人能不靠别人的帮助，完全凭自己的力量取得成功。即使不展露出来，感谢在背后默默帮助我的人，认可他们的付出也是非常重要的。只不过，把这些通过自己的努力所取得的结果只归结为运气，而不认可自己是另一个问题。我们有必要思考，是不是缺乏对自己努力的认可和赞许。

能接受给大家泡咖啡吗？

"能接受给大家泡咖啡吗？"这是我在二十多岁时，每次面试都会听到的提问。

虽然我在大学四年里从未停止就业准备，但那时大企业公开招聘的女性数量少之又少，我面对的就业市场让人非常绝望。虽然现在的年轻人面对的现实会更加残酷，但是一想到我刚毕业找工作时，我仍然感觉心里的某个地方仿佛被堵住了一样。即使毕业于同一所大学、同一个院系，大企业公开招聘的普通职员几乎仅限于男性，女性只能应聘事务助理（秘书）之类的职位。我几乎把简历投给了能找到的所有200强企业，前提是那家公司会选拔女性。偶尔运气好能走到面试，但毫无例外地会被问到上面的问题。

"如果泡咖啡也是我工作的一部分，我会高兴地承担。

但我能把其他事情做得更好，希望能给我机会挑战多种多样的工作。"说完准备好的回答后，我遗憾地离开了面试现场。离开时还在后悔："我是不是应该说我不泡咖啡……"在大四第二学期准备就业的整个过程中，我经历了不少挫折，最后只剩下作为女性的自我悲哀，以及跌落到谷底的自尊心。

毕业前我还算幸运，在朋友的推荐下好不容易进入了一家服装公司开始工作。当时那家公司奉行突破性的开放文化，不分男女地选拔毕业生，进行入职教育后分配部门，然后直接进入一线工作。我被分配到企划室，在那儿工作的一年多时间里，我在运营团队中了解公司的运转情况，并学习了经营、财务、市场营销、人事、生产管理、开拓海外市场等方面的工作，并学习如何与跨部门的同事相互配合，是一次非常宝贵的机会。

先去做吧，做了才知道

经过三十多年的职场生涯，我坚信职位能造就人。但并不是所有的人都时刻准备着登上那个位置。我经常会看到因为"我还没有准备好登上这个位置""这个位置超过了我的能力"之类的想法而不断低估自己的女性同事。她们总是苛刻地评价自己，认为"现在做得好的我不是真的，总有一天我会被揭穿"，备受冒充者综合征的折磨。

一项调查结果显示，85%的美国职业女性正在经历冒充者综合征，81%的女性承受着自己的工作必须比男性做得更好的心理压力。通常，承受着这种压力的女性走到更高的位置时，也能继续做得很好。因此，每当我看到女性因为不安而无法挑战更高的位置，而没有做好准备的男性填满那些位置时，我的心里就会很不舒服。

自尊心不是别人给的。这是如何评价自己的能力和价值的问题。正视自己真实的样子，承认自己的不足，尊重自己的长处，这样才能拥有完整的自尊。我已经这样努力了，如果不积极地为自己的努力寻找认可，以后也很难产生进一步努力前进的意志。自己都不认可自己，根本不可能再激励自己。只有不断地告诉自己我可以胜任这个位置，并为之努力弥补不足，才能产生相信自己、不断前进的力量。

请拥有即使现在觉得自己不足，也先做了才能知道的心态吧。只有试一试，才能知道自己的局限在哪儿，不试一下就不可能知道。我也会经常念叨"先做再说，先做再说"的咒语，无论是负责新项目时，还是被赋予无法一朝一夕解决的艰难任务时，都会反复地默念："先做吧，总有办法的。"然后就开始挑战。

在我非常喜欢的电影《星球大战》中饰演莱娅公主的演员凯丽·费雪曾说过这样的话:"你可能会感到害怕,但还是试试看吧。重要的是行动,没必要等到产生自信为止。只要开始做了,自信就会跟着来。"自信不是因我有什么就能产生的,而是当你开始做什么才会有的。如果觉得自己在工作上落后了,那就开始学习吧,上补习班、申请研究生、听网络课程都是学习的方式。自信源于行动,现在所有的一切都是我所付出的时间、努力、奋斗的结果。即使昨天的我还不够优秀,只要从现在开始投入时间,未来的我就会完全不同。

如果抱着"先试一试,如果真的做不好,就做回原来的事情"的想法,世上没有什么难事。如果你还在犹豫要不要抓住眼前的机会,不要等下一次再说,先抓住这次的机会吧,然后跟着念"先试试看"。站在那个位置之后呢?用努力去填充就行了。

第 13 章

谷歌总监的辛酸英语奋斗记

舌头发硬,脑子也发硬,刚背下来的单词转头就会忘记。尽管如此,我还是每天都在努力地学习英语。在谷歌总部的公关组里,据说我是第一个非英语国家出身的总监。作为全球媒体负责人,我要做的是将搜索、安卓系统、像素手机等硬件产品,即谷歌所有部门正在开发的技术,以及该技术内在的创新性相关的故事传达给外部。站在面对全世界媒体的最前沿,我一个小小的英语失误可能会造成很严重的结果,我的一句话、一封电子邮件都代表着谷歌,因此,我总是对自己所说的一字一句是否有错而感到负担。

连"嗨"都说不好的人

对把艰难的"坚持不懈"作为兴趣和特长的我而言，英语总是让我感觉受挫和怯场。无论怎么学习好像都不够，完全不见长进。当我知道一直以来说的"fragrant"的准确发音时，我脱口而出："过去的五十年真是白活了！"今天，我练习了五十多次"paralleled（平行的）"这个单词的发音，还是无法正确地发音。为什么字母"r"和"l"要如此相连在一起，本来各自分开就已经很难读了！我真是恨不得咬破自己的舌头。当然，练习了五十次都说不好的时候我会练一百次，第二天继续练习，就这样我的英语渐渐地变好了。

是的，即使我已经五十多岁，成了总监，英语也是我每天都要跨越的障碍。我虽然毕业于德语系，但总觉得语感并不是那么好，大学毕业后我也很久没有学习英语了。虽然我的词汇量和阅读量都还不够好，但最薄弱的部分是"口语"。三十多年前，我和准备插班进美国大学的丈夫一起去美国时，我真的一句英语都不会说。提高外语实力，一半是语言实力，另一半则是自信，那时我没有自信，非常害怕别人和我搭话，所以我避免与人对视。

我第一次踏上美国土地的那天，搬到丈夫就读学校的学生公寓后，为了学会打招呼，我拿着韩国的饼干走到邻居家。在敲门之前，我的脑子里忙着练习英语问候语。"你好（How do you do）？"我想起初中英语课本上与初次见面的人打招呼时所用的问候语。"你好？"的重音应该在哪儿？或者我应该说："你好吗（How are you）？"正在我喃喃自语时，邻居家的门一下子打开了，只听见对方说："嗨！我是米里亚姆（Hi! I'm Myriam）。"

邻居家的门开了，迎接我的是一个七岁的女孩。女孩的妈妈跟了出来，跟我打招呼说："嗨，我是玛乔（Hi, I'm Marjo）。"我一瞬间呆住了。天啊！和孩子应该怎么打招呼啊。在韩国1980年的英语教科书或《成文综合英语》[1]中没有"嗨！"这个问候语（或者我连这个都记不起来了）！是的，那时我所学习的英语课程完全无法与现在成体系的英语学习方法相提并论。上课时，老师们读"周三（Wednesday）"时会发音成"温德尼斯得依"，仅仅是拼起字母发音。我就是用这种英语水平来到美国生活的。

在此后的两年里，我一边听社区大学免费提供的英语课程，一边准备申请研究生需要的GMAT考试。即使付出了比高三时还艰苦的努力，我的英语口语和成绩都停滞不前。

---

[1] 韩国20世纪七八十年代较为主流的英语系列教材，由成文出版社出版。

我的英语不好，也没有做好考试准备，最终没能进入期待已久的好学校，这一点非常可惜。后来，我和丈夫分隔两地生活，在五个学期里我一边攻读MBA硕士课程，一边疯狂地学习英语，英语实力提高了很多。

我想在死之前学好英语

后来，我带着对英语的自信回到韩国。进入摩托罗拉韩国分公司的公关组工作，书写英语文件和英语会议是家常便饭，但由于使用的大部分语言和形式都是固定的，所以我在工作上没有遇到什么语言上的困难。接下来的工作也是如此。因此，比起要付出更多努力，只要维持住现在已经熟练的英语就可以了，因此几乎没有多少压力，我也没有再投入时间学习英语。

就这样，我在三十多岁时进入了谷歌韩国分公司。虽然当时我对自己的英语也算有自信，但我说出的英语句子语序不对、时态不准确、单复数分不清，经常一张嘴就磕磕巴巴的。以我的英语实力，无法完全理解经常使用的独特的词汇和细腻表达的公关组同事的对话，也跟不上多人会议。每当我稍微一走神，想着："要是听不懂怎么办？我能跟上他们吗？刚才他说的是什么意思？"时，会议讨论就已经走得很远了。而且视频会议时所说的英语比面对面开会时的更难。公关组的同事都非常聪明，想说的话有很多，语速非常快，要找到适当的时机插入也不是一件容易的事。这也是现在对我来说比较困难的一点。

我就这样在工作中不断地学习英语，但我的英语实力似乎还是没有明显提升。我想着，这样也够了吧，我又不是出生在美国，小时候也没有在美国生活过，还能怎样做得更好呢？为了不失去自信，我给自己找了诸如此类的借口。就这样到了某天，我突然想："无论如何也要在死之前学好英语。"如果照此下去，我的职业发展会受到限制，这是再清楚不过的事实。我不能再推迟英语学习了，得听懂别人说话才能更好地开展工作啊。那时我四十岁，再次开启了地狱般的英语学习历程。

请一定要学好英语

不仅是在谷歌公司内部，只要不是英语母语者，都会有学习英语的烦恼。无论公司的规模大小，是本土公司还是外国公司，职位是行政还是销售，负责海外业务还是国内业务，对上班族来说英语都非常重要。在当下很重要，对以后的职业发展也正变得更加重要。从某个瞬间开始，我与职场后辈们见面时，甚至与高中生、大学生见面进行指导时，我强调得最多的就是学习英语。

英语对职场人士如此重要的理由我可以列出超过一百个，但如果只能说两个，我会选择以下两个理由。第一，英语将成为开发以后事业的契机；第二，如果英语说得好，现在的工作也能做得更好。不夸张地说，英语好的人和英语不好的人能得到机会的差距是9∶1。我经常会举这样一个例子，都说韩国的流行音乐和电影在世界上很受欢迎，那么，在全世界互联网上的所有内容中，韩语的内容有多少？也许有10%？或者8%？都错了。

对全世界网站的语言进行分析的结果显示，英语内容占比62%，而韩语内容仅占0.5%，连1%都不到。如果只会查找韩语资料，别说重要的信息，甚至会错过很多机会。这个数据体现了英语在所有语言中所占的重要位置。

也就是说，英语不仅仅是说得好就行，更是一扇真的能为你赢得机会的大门。即使托福成绩还算不错，GRE或GMAT成绩也很好，但职场英语有很大的不同之处。英语水平达到70分的人非常多，而稍微超过这一水平的人却极少。特别是在像谷歌这样的公司工作，需要用英语进行讨论和说服他人，英语水平不能只是达到70分，而是需要非常好。在工作中，所有的决定都是说服的过程。因此，如果能用英语很好地进行交流和沟通，工作也极有可能会做得很好。

　　韩国的就业市场已经是一片红海，但如果将目光转向海外，仍旧有很多的机会。即使在因新冠疫情而陷入困境的情况下，在过去两年里硅谷仍然选拔了无数人才。2019年年末，谷歌的全部职员有11.8万人，2020年年末为13.5万人，到2021年年末时达到15.6万人，新冠疫情后的两年多时间里，每年仍旧保持在15%以上的增幅。不仅谷歌是这样的。在硅谷，人才战争正在持续。人事团队急于再多一个、再早一天招聘到优秀的人才。有不计其数来自印度、中国、中国台湾等美国以外的国家和地区的朋友加入。而敲开硅谷科技企业大门的钥匙就是英语，当然，是在具备基本的专业技能的前提下。

　　如果你正在考虑与目前不同的职业路径，最好先确认一下自己的英语水平。在更大的世界里，各种各样的机会正在等待我们。如果有想发展的方向，并且看到机会的话，现在就努力学习英语吧。

第14章
四十岁开始也可以学好英语的秘诀

来到美国已经三年了,我每天都会整理新认识的英语单词和表达方式,以及错误的发音和语法等。现在这个文档已经一千四百多页了。同事发来的电子邮件中出现的陌生表达,或以后想要使用的词句,各种报告中的表达等,我都会一一背下来。即使这样长时间地坚持学英语,每天仍然有新的表达和单词涌现出来。此时我会不由自主地叹气,但为了不就此放弃,我总是鼓励自己:"英语单词不是无限的,而是有限的,不是吗?那就意味着有总数。今天学习了一个新单词,意味着离它的尽头又进了一步。"

如果让我这样一个十多年来都在认真学习英语的人说一个小诀窍,那就是越早学习英语越好。当我四十岁决定重新开始学习英语时,简直是要了我的命。不管如何努力地重复背单词和表达，几天后我的大脑又是一片空白，这种感觉简直让人发疯。但过去的时间已经无法挽回，只能不断地投入更多的时间去学习。

诀窍1：设置坚持不懈的机制

在学习英语时，比起选择什么样的教材或老师，坚持学习更为重要。不论是在线下上课还是与朋友们一起学习，我们都需要一种可以相互鼓励和强制学习的机制。这当然非常不容易。通常，当我们又忙又累的时候，最先中断的就是英语学习。因为学习英语无法马上看到收效，在日常生活中几乎也很少遇到因为英语而感到不便的情况。所以我从一开始就设置了和同事一起上线下课程的机制。

一开始，我召集了三名谷歌韩国分公司的职员组成学习小组，聘请英语讲师每周上两次课。就这样学习了几年后，小组成员接连退出，英语学习小组只剩下我一个人了。在此后的七年里，通过一对一授课，我切身体会到了每天都在进步的英语实力。即使来到美国，我依然坚持每周与母语为英语的家教进行四次对话练习（出差的时候会在周末补课）。为了上一个小时的课，需要准备三十分钟左右，相当于每天坚持学习一个半小时的英语。

刚到美国我就加入了头马俱乐部,这也是为了练习英语演讲水平。为了很好地进行英语演讲,要学会编故事、积累叙事,用能让人们愿意倾听且具有自己特色的语言来讲述。在每周一次的会议中,进行主题演讲和即兴演讲,使用新的表达方式。我每天还会用社交媒体给在韩国的朋友们上传一个英语表达,这已经持续了两年。每天分享新学到的单词、表达或发音,对复习有很大的帮助。

诀窍2:寻找适合自己学习的英语内容

要找到即使一直听也不会感到厌烦的内容和教学方法的视频频道。可以是美国电视剧,也可以是播客。持续让自己的耳朵听英语内容,不仅可以学习英语,还能了解新闻和信息,可谓一举两得。

最近我在社交媒体上发布了这样的内容:"我爱上了有声读物了。一想起来心就怦怦跳!"我一开始并不喜欢有声读物,刚开始听有声读物时,我感到非常头痛。播客和优兔网(Youtube)上的英语内容大部分都是口语化的表达,大多是通过对话进行的,比较容易理解。而书籍则是完整的句子与精巧表达的集合，经过编辑与修改，最终提炼完成，通过书籍可以学习到精巧的英语。

因此，第一本有声读物，我选择了汤姆·汉克斯读的《流浪的家》(*The Dutch House*)。但充满期待的第一本有声读物却给我带来了挫折感和挫败感。汤姆·汉克斯以时而强劲快速，时而缓慢柔和的完美语调读了这本书，我却一点也无法理解。不知不觉第一章结束了，我完全不知道刚才到底听了什么内容。因为理解不了第一章，所以也无法继续下去，就这样停滞了一周多。但是就在第十次重复听的那天，我奇迹般地理解了第一章的内容，然后顺利地进入下一章。

在听了约10本有声读物之后，我才开始减少反复听同一段内容的次数。一开始要听十次，然后是七次、四次、两次。现在，如果运气好，第一次听就能充分理解内容了。这种时候就像在天上飞一样高兴。经历了这样的曲折，从2021年开始到现在为止，我听了100本有声读物。如果听完一本书的时间是10~17个小时，每本大约要听两次，相当于投入了约3000个小时听有声读物。

诀窍3：立刻使用今天学到的一句英语

接收的英语很多，但想要自然而然地说出英语，至少要练习100次。如果在视频、电影或有声读物中听到哪个觉得"真绝"的英语表达，不要轻易放过，一定要试着用一用。在写电子邮件或说话时，可以立刻使用新学习到的表达。通过写下来、说出来，让自己加深记忆。我会把当天学到的四五个代表性单词选为"当天的表达词"写在便笺上，将其贴在书桌上或者写在我一转头就能看到的白板上。不论是开会还是写邮件、聊天，都一定会使用记下的单词。

如果不这样努力，那么每天都只会使用熟悉的表达。当想表达"我也同意"时，可以说："I agree."但也可以使用含义更丰富的"I can relate to you"或"I couldn't agree more"等表达。在上次的会议中，一位同事说："We have a quorum. Let's get started."虽然我大概猜到quorum（最低法定人数）是什么意思，但这不是我经常使用的单词。于是，我把这个词记下来，立马在下一周我主持的会议上使用了这个表达。通过这样的方法，可以不断地提高词汇量和语言表达的能力。

诀窍4：让周围的人知道你在学英语

这就像戒烟和减肥的决心一样。不要害怕尴尬和丢脸，如果出现自己不知道的单词或表达时，经常询问周围的人并接受他们的评价吧。"我在学习英语，你觉得我的英文怎么样？""你的英语水平进步好多！"当然也有让我高兴才会这么说的成分，但可以把这些话当作动力去继续努力。

之前主管亚太地区公关事务的副总调到欧洲支部后来美国出差。我与他几年未见，和我聊了一会儿后，他马上惊叹："露易丝，你的英语真是不得了。你是怎么做到的？"我告诉了他我这几年的英语奋斗记。听到这样的称赞，人都会充满干劲，更努力地去学习，这是人之常情。

现在即使不全神贯注，我也能用英语自如地表达自己的想法了。我是一个学习速度很慢的人，但慢并不代表已经晚了。任何时候都不嫌太晚。这句话虽然老生常谈，却很有道理。今天做了，明天就可能会不同，今天还没明白的也许明天就懂了。一天变成十天，十天变成一年……就这样积累，即使五十岁也能切身感受到每天都在进步的英语实力。先动起来吧，没有能保证一直赢的方法，在语言学习上更是如此。

第 15 章
我想吃的是鸡翅啊

失误1

这是发生在几个月前的事情。我正在准备德国的电视媒体和新闻采访，已经事先向要参加采访的高管们告知了采访程序。前面十分钟左右的时间做产品演示，然后是记者的提问环节。但是在准备采访的最后阶段，记者突然说不需要准备演示了。因此我通过邮件将这个消息告知参加访谈的高管们。

马上有人回复："是说我不用参加采访了吗？"我这才重新看我发出去的邮件。天哪，我赶快回复邮件："不，只是不需要做产品演示了，但您还是要出席采访的。"这是因为我一开始发的邮件里犯了一个低级失误，混淆了

"present"和"presentation"。如果对方没有回邮件确认，就出大事了。

失误2

去年年底我到纽约出差。因为飞机晚点，所以决定在酒店周边简单吃顿饭。我看着菜单点了"（炸鸡）翅wings"，结果端上来的是"（洋葱）圈rings"。也许是因为我的"wing"和"ring"英语发音不清楚，所以对方没听懂。也可能是因为餐厅太吵了。虽然洋葱圈也很好吃，但我的心里不太好受。我的英语还差得远呢！

失误3

2020年，电影《寄生虫》（*Parasite*）获得奥斯卡金像奖最佳影片不久后，谷歌举办了可以邀请朋友来看的内部试映会。我马上就给朋友发了邮件，邮件的标题是"主题：检查寄生虫"（Subject：screening parasite）。结果旁边的同事突然悄悄靠近我，用低沉的声音问道："露易丝，你去医院了吗?"我问他这话是什么意思,原来他无意间看到了我的邮件标题,以为我"接受了寄生虫检查"(screening for parasites)。如果我写的是"放映电影《寄生虫》(screening the movie, *Parasite*)"应该就不会产生误会了。小到一个标点符号、大小写拼写在英语中都可能会产生很大的误会。

韩式英语发音,一定要改吗?

几年前我和儿子菲利普到印第安纳州的一个城市旅行。傍晚入住酒店时,前台员工对我的儿子说:"你的英语没有口音,但是你妈妈的英语有口音。"可能是为了称赞孩子的英语水平,但一想到自己的英语被指点出问题,我的脸一下就红了。

基于这段经历,我在头马俱乐部做了主题为"关于英语的思考"的演讲,讨论:应该要怎么做才能像英语母语者一样说英语?我(非母语为英语者)的语调,无论怎么努力都带有韩式发音,我要为此伤心、羞愧到什么时候呢?对这样的问题,我给出的答案是:这只是语言习惯的差异而已。

韩语由单独的音节组成,因此所有单词和语音更倾向于清楚准确地发音。例如，如果要读"strike"这个单词，在韩语中会把"斯""特""莱""伊""克"这五个音节分开读，成为一个五音节词，然而这个词在英语中是一个单音节词。韩语里没有只由辅音组成的单词，所以自然而然地会在每个词后面加上"e"或"yi"这两个元音的发音。我的英语家教也说，如果我不注意，就会在"much""peach"等这类单词末多加"e"的发音，因此提醒我要多注意这一点。这是由于英语和韩语互不相同的语言性质而导致的发音和重音问题。

说话时的一些手势习惯也无法忽视。直到现在，当我突然想出好主意或想起之前忘记的事时，还是会拍手说"对"。当我想到要取消预订的餐厅时，会说："哦，对了！（拍手）我得取消预约！"每当这时，母语为英语的朋友们就好像听到打雷声，或者以为我抓到乱飞的蚊子般吓一跳。哎，这只是我的习惯啊！

现在我用英语打电话时，即使不是需要明确表示同意的情况，我也会不停地说："Yes！Yes！"就像在韩语中为表明我正在听而用不同的语气说"是，是"一样。有时还会在习惯性地说出"Yes"后，慌慌张张地补充："啊，这不代表我同意的意思。"

韩语口音，成为自己的品牌

上面提到的只是韩语语调和说话风格融入英语的几个例子。在进行英语对话时，如果我冒出了说韩语的习惯，总是会脸红。但想到我的母语语调也是露易丝这个人形象的一部分，即使时不时冒出韩国式的语调和行为，我也就不再纠结了。

有一次，我正和几个朋友聊着天，突然有人吓了我一跳，我不由自主地冒出一句："妈妈呀！"无论学了多少英语，像这样突然跳出来的感叹词都会让人感受到母语根深蒂固的影响。最近，熟悉的同事们都已经明白"妈妈呀"是我被突然吓到时会说的话。每当这时，我都会开玩笑的对同事说："你被吓到的时候也不要说'oops'（哎呀），说'妈妈呀'吧！"

说英语时的语调中包含着我们自己的故事。对那些对其他文化感到好奇的人而言，我独特的语调能引发出各自有趣的话题。同时，这也会成为让别人记住自己的独特的品牌形象。在谷歌，记住我的同事比起我能记住的同事更多的原因之一就是我的语调，我的母语语调让我变得特别。

小说《柏青哥》的作家李敏金最近在哈佛大学进行演讲，她给担忧语言差异的学生献上这样的忠告："我周围有很多人说我的韩语说得不好，所以不了解韩国或小说里描绘的不是真实的韩国，借此批评我的作品。但每当这个时候，我都会说'那又如何？'，在座的很多人都比我更了解韩国吧？但我比任何人都了解如何用小说的技法来表达自己的感受。这就是我在做的事，我会竭尽全力地完成。"即使英语水平比不上母语为英语的人，但通过三十年的职场生涯获得的专业知识和在工作中永远竭尽全力的态度不会因此而被忽略。这样就足够了。

对出生在韩国、人生大部分时间都生活在韩国的我来说，说英语时带着母语的语调是理所当然的事情。英语中包含的特殊语调是我与英语斗争、正在为走向新世界而忍耐和努力的证据。因此，我们应该为带有母语语调而感到自豪。如果你在与以英语为母语的人对话时感到畏缩，请挺直腰杆和他们对话吧。我们是使用不同语言的人，为了与你对话，正在努力和英语斗争。

一步一步,
仿佛总在原地踏步,
心中焦急不已,
但长远来看,我们始终在前进。
在人生的任何瞬间、任何问题面前,
相信自己的节奏,坚持不懈,
你会发现自己的世界已经无限扩张了。

第三部分

重新站起来的力量——
建立心灵的核心

第16章
总有一天,我也可以吹出声音

我是一个急性子的人。在自动售货机买咖啡时,刚按下按钮,就急着把手伸进取货口,抓住还未装满咖啡的纸杯。泡泡面时根本等不了三分钟,就开始吃还没完全软的面。从冰箱里拿食物时,经常一只手还没有拿出来,另一只手就要急着关冰箱门,总会夹到手。我的急性子在工作中也不例外。一般我收到邮件后希望马上就能回复对方,哪怕只是很简短的内容,但时常出现错别字或没有写完就按了发送按钮。

比起做不到,早早放弃更可怕

就是这样事事着急的我,却神奇地不会轻易放弃。不管做什么事，哪怕做得不好，也能一直坚持下去，无聊的事情也能做出乐趣来，这是我性格中最大的优点和缺点。哪怕有人让我一整天给玩具人偶粘贴眼睛，我也能开心地去做，对每件事情都坚持且专注。

最能体现我这一特点的事就是学习吹大筝。与我性格和才能完全不同的儿子菲利普选择了钢琴专业，作为妈妈，我也想学一种乐器。大筝是一种80多厘米的竹制乐器，横着吹奏，并用手指按压乐器上的吹孔吹出不同的音符。它能发出低音域到高音域的所有声音，如果用弦乐器作比，它低沉的声音就像大提琴一样充满牵动人心的魅力。当下，几乎没有什么人学大筝了，最开始我非常喜欢这一点。因为乐器较长，要想进行演奏，必须拉大手指之间的距离，因此，过去有名的大筝演奏者大多是男性。这又刺激了我的挑战神经。越辛苦获得的果实才越香甜，没有理由不选择学大筝的。

但是，只是说很难，却从没有人告诉我这是一种连发出声音都很难的乐器。哪怕使劲用力吹，却连一点噪声也发不出来，这就是大筝。偶然能吹出一声"哔"，我也不知道是因为我做了什么而发出声音。我的手指没有柔软到可以演奏那么长的大筝，所以基础的运指也很难做到。大热天流着汗花一个半小时去上课，但大多数时间里，我只能在三十分钟内一直发出"呼呼"的风声，更不用提吹出什么曲调。然后再花一个半小时回家,初学时我每次都会夸张地说:"啊,如果我死了,都是因为大笒。"

但这个发不出声音的大笒,我坚持练习了两年。虽然没有吹出声音,但我还是坚持着,因为喜欢大笒。每当因怎么吹都吹不出声音而感到烦躁,心情跌入谷底的时候,我就会想想一年前刚学习大笒时的情景。虽然现在依然吹不出声音,但与一年前相比已经稍微好一些了。这样下去,总有一天会好起来的。两年过去了,我的大笒终于发出了声音。

"哗!!!"

直到学习大笒的第四年才终于吹出"哆来咪发唆拉西"的音调,现在已经是练习大笒的第七年,我的水平仍旧处在非常初级的阶段,终于可以吹出一些音调了。如此看来,没有放弃我的大笒老师比我更了不起。

在认为快速放弃是保障利益的时代,从某种角度看,我的"坚持"可能并不被这个时代赞赏。不管是"一万小时定律"还是"只要坚持不懈,梦想就会实现"之类的话,有时听起来很空虚。所以"坚持"既是我的优点,也是我的困境。因为总是不放弃看起来做不到的事情,也不知道什么时候该放弃,有时会觉得这是自己的能力问题。认真考虑我全情投入在没有结果的事上所付出的成本,我似乎是在应该早早放弃的事情上浪费时间。

如果七年的时间不用来吹无法发出声音的大笒而是做其他事情，是不是都能有点成就？其他事情也一样。如果我每天不花费三四个小时学习英语，而是做点其他事情，是不是能获得更大的收益？如果不连着读一个又一个的研究生课程，是不是能有更多时间和孩子在一起呢？一旦产生了这种想法，开始做一件事情前就会畏缩。

但如果因为计算成本而无法开始，我们也同样会失去专注于某件事的机会。就像在奈飞网站的首页挑选电影，结果一整天都在滚动屏幕，最后一部电影都没看完就睡着了。但是当你把时间和精力投入自己喜欢的事情上，全身心投入并始终不放弃的时候，我们就会重生为"最终成功的人"。这不仅在工作中适用，在人生的任何选择中都一样。

就这样，我的世界扩张了

通过各种兴趣不断取得"小小成功"的经验，在任何困难面前都会让你产生"我总有一天会做到"的模糊信念，随着成功的经验不断重复，这种信念会成为坚定的确信。我是连大笒都能吹出声音的人，克服了恐水症连游泳都学会了的人，剑道获得四段的人，这个应该也能做到吧，就这样产生了自信。现在我明白了，即使看起来再不可能的事情，即使不能马上取得成果，只要坚持不懈，总有一天会获得很大的成长。人生中所有的学习都是阶梯式的。即使当下感觉这个工作不适合我、自己的实力总是不见提高，但只要坚持不懈地去做，就会在某一瞬间看到质变。到那时，你的世界也将变得更大。

打起精神与失败反复数十次后，看上去你在原地踏步，但长远来看我们始终在进步的路上。不要忘记，在人生的任何瞬间、任何问题面前都不要放弃，相信自己的节奏，坚持不懈，你会发现自己的世界已经无限扩张了。

第 17 章

在梦想的珠穆朗玛峰面前,尊严尽失

我喜欢爬山。因为爬山时不必与别人比较,也不必着急,只要以自己的速度不断攀登,总会迎来美丽壮阔的风光。上班时总是忙得喘不过气来,有时甚至因为太忙憋着不去洗手间,不停响的手机和从早到晚不间断的会议裹挟着我。如果睡觉前不看一下手机,就会担心自己是不是错过了什么,越来越不安。就像不关闭电脑持续使用,电脑会越来越慢一样,我的身心也需要重启。所以休假的时候,我喜欢选择没有网络的地方,享受完全的孤立。为了实现物理上的孤立,我选择的场所一般都是山。

完全的孤立，出现了问题

因为有山，我才能更加努力地生活。从环勃朗峰徒步到喜马拉雅山的安纳普尔纳大本营和珠穆朗玛峰大本营，在非洲乞力马扎罗山徒步露营，斯里兰卡背包旅行，以及澳大利亚的"地球的肚脐（乌鲁鲁）"徒步旅行……漫长的人生中，为了走得更长久，我要在中途去爬山，释放积累了一年的疲倦，再充实自己，为下一年做准备。每一次这样休假结束回到工作中，还会因为过度释放自己，甚至忘记了电脑密码。

在与公司完全切断网络，度假一段时间回来后，好笑的是，我不会变得充满活力，而是会时不时地发一会儿呆，因为已经完全释放了自己。但只有在这种白纸般的状态下重新开始，才能描绘出新的蓝图，不清空自己就无法被填满。

2008年，我去安纳普尔纳环线徒步。这是继2007年布恩山观景台徒步后我第二次挑战喜马拉雅山。我计划进行一次为期十三天的安纳普尔纳环线徒步，要翻越两座海拔5000米的山峰。通过近十年的慢跑，我锻炼出体力，而且第一次尝试布恩山观景台徒步也成功了，因此我非常自信地认为这次也一定能完成登顶计划。同时，珠穆朗玛峰是任何登山者都渴望的存在，已经斥巨资来到这里，我有种无路可退的悲壮之感。我和同一时间到达的另外四个人组成了一个团队，雇用了一名夏尔巴人向导和一名背夫。只要每天按照计划的进度前进，登顶看上去没有那么难。

我们从博克拉市出发，前四五天进展非常顺利。但当高度接近3000米时，我不时感到恶心，下腹部开始咕噜噜乱响。这是高度到达3000米以上后，身体无法适应而出现的典型高反症状。很快，我就因严重的呕吐和腹泻再也无法前进一步。徒步旅行中，要在山脊上进行大小便。身体虽然也很痛苦，但因为我无法控制突然就需要排泄的情况，更加让我感到失去了作为人的尊严，内心十分凄凉。因为我，队员们无法继续前进，我感到非常抱歉。那时距离到达最高的5000米山峰还需要两天。

事实上，出现这种症状时，应该立即下山。即使有专业的登山者同行，高反也有可能危及生命。但当时的我，比起担心自己严重的身体状况，更埋怨自己来珠穆朗玛峰却吃这样的苦，因后悔而完全崩溃了。

好不容易来到这里，还没登顶就要直接下山了吗？我到底为什么来到这里呢？……我对自己因身体不适而产生后悔的情绪感到非常失望，但要彻底放弃也不容易。要申请像这样长达半个多月的假期，为了不影响工作，在休假前的一个多月可能都要加班。那么辛苦才休了假踏上的旅途，现在我竟然感到后悔，我是因为喜欢才来的，为什么会后悔呢？旅行不是应该高高兴兴的吗？好不容易到达村子里的住所时，我坐在地上呜呜地哭了起来。

就这样大哭着，一行人中的一位队友小心翼翼地走过来，拍拍我的肩膀说："很累吧？没关系。你可能会想是不是自找苦吃，但以后回头看，现在这一刻，即使你正在哭，你也会为自己感到骄傲的。"

在队友的安慰下，我渐渐停止了哭泣。能走多远就走多远，能享受多少就享受多少吧。这样想了想，我在不知不觉间得到了安慰。有了药物的帮助，我的情况也好多了。最后，我虽然有点慢，但也非常艰难地翻过5000米的山峰，最终完成了梦寐以求的登顶。虽然这是一次丧失尊严的旅行，但我很庆幸我没有放弃。

人生不是一场速度战

又过了一年，我第三次挑战珠穆朗玛峰。这次我发誓要洗刷第二次登顶的悲惨历史！我野心勃勃地准备的此次旅行路线是珠穆朗玛峰顶峰的绝佳观赏点——海拔5500米的卡拉帕塔。这次徒步路线为期十七天，最终到达珠穆朗玛峰大本营。我每天沿着计划中的路线攀登，完成计划中的进度，严格按照带去的徒步旅行书的路线一一执行，完成每天的任务。每天下午四点左右结束一天的行程，回到村子里的住所，我会看着书确认明天的路线，整理上午要去的地方、休息的村子和吃午饭的地点，还有住宿等，心里非常满足。

我在住所里遇到两个看上去好像是从欧洲来的年轻男人，正在嘀嘀咕咕地说着明天的旅行计划。我跟他们搭话，顺便炫耀一下我的计划。"你们做好明天的计划了吗？明天打算走到哪里？晚上睡在哪个村子？"结果那人似乎觉得很无语，笑着说："哦……我们还不知道明天要睡在哪里。还不确定明天中午吃东西的地方，怎么知道睡在哪里呢？我们没有制订周密的计划。如果遇到了风景好的路，就慢点走，如果天气不好，就到村子里歇一下，喝杯热茶聊聊天。然后如果遇到了喜欢的村子，就睡在那里。你已经决定好明天要睡在哪里了吗？"

我瞬间有些慌张，说："如果不计划好每天走多远的距离，在哪里休息，最后怎么能登顶呢？"对方又笑着说："一定要登顶吗？山就在那儿，这次到不了最高处，下次再来就行了。"

我感觉就像被人狠狠敲打了后脑勺。自从开始爬山以来，我一次也没有想过不到达山顶。无论是高度很高的山，还是普通的山丘，我都以为一定要登顶才有意义。正因如

第三部分　重新站起来的力量——建立心灵的核心

此，哪怕忍受着高反的折磨，我都要拼尽全力完成登顶。我以为就像完成公司的项目一样，制订好缜密的计划，"严丝合缝"地执行才算是一次好的旅行。这种对旅行只在意速度的样子让我感到很羞愧，也觉得自己很可怜。我究竟为了什么而爬山？要是就像在公司里做项目一样的话，何必大老远跑来呢？我不禁自问。

缓慢，稳健，还有长久

我喜欢攀登喜马拉雅山这样的高山是有理由的。因为越是难以征服的目标，成就感就越大吗？一半对，一半错。越高的山反而越好爬。韩国的智异山比喜马拉雅山更难爬，京畿道的华岳山比智异山更难攀登。因为越小的目标、周期越短的目标，你的心就越急躁。通常，越高的山中间会有休息的地方，只要不失去自己的节奏，坚持攀登，几天内就能到达顶峰。虽然今天状态不佳、进展缓慢，但因为还有明天，所以可以调整节奏。也就是说，目标越大，走路时就越游刃有余，越少想到放弃。与此相反，独自耸立在岛上的山，即使只有300米高，也要从海拔0米开始爬陡坡。而且要赶上回程的船的时间，心情非常焦急，登山变得很困难。当内心焦急而身体跟不上的时候，实现目标就会变得更加困难。

我的人生也是如此。在漫长的人生和职业生涯中，我都会设置好尽可能大的目标，坚持不懈地朝着这个目标前进。设置好大的目标后，每天都把时间分成好几份来干活，一天就像有四十八小时一样生活。

但是，我遇到的那两个年轻人不止于此，他们甚至抛弃了登顶的目标。我按照他们的话试了试，发现竟然找回了旅途的乐趣。既可以调整紧凑的日程，还可以尽情享受环顾周围的从容，感受一口水、一丝风的浪漫。我尽情地呼吸着在第二次攀登时来不及感受的喜马拉雅山的空气，获得了真正的休息。那次以后，我确定了几个有关旅行的原则。彻底脱离现代文明，进行长期徒步旅行，还新增了一点，那就是慢慢旅行！

实现远大的目标固然重要，但有时也需要忘记目标，以及永不放弃这种如神话般的坚韧。即使今天没能按计划达到目标，必须下山，但山一直在那里。即使这次放弃登顶，也可以下次再挑战。只要不忘记山的存在，人生总有机会。缓慢，稳健，默默无语，然后走得更高更远。

第 18 章
从阿尔法围棋对局中学到的

"在谷歌工作的十五年,你印象最深的时刻是什么时候?"

"在谷歌工作的十五年,最惊险的事发生在什么时候?"

对这两个问题,我的答案是一样的。

"是2016年,在首尔进行的围棋世界冠军李世石与阿尔法围棋的对局。"

对围棋一窍不通的我主办了阿尔法围棋挑战赛

在纪录片《阿尔法围棋》中,时常能看到在活动现场跑来跑去的我。哪怕是在今天,我也能清晰地回想起那天的每一个瞬间,但同时也会怀疑:"我的人生中真的发生过那样的事情吗？"没有一点真实的感觉。

2016年3月，我参与了人类历史上一个非常有趣的项目。这就是人工智能（AI）程序与人类的对决——阿尔法围棋与李世石九段的围棋对局。在这场对决中，留下了唯一一次人类战胜人工智能程序阿尔法围棋的记录。

DeepMind公司成立于2010年，旨在利用人工智能帮人类解决问题。该公司向最难以精通也最复杂的游戏，也是人工智能的终极挑战课题——围棋的算法发起了挑战。2015年，DeepMind研发的人工智能围棋程序阿尔法围棋战胜了欧洲冠军、职业围棋二段的樊麾，第二年将挑战称霸职业围棋世界十多年的李世石九段。这个项目的正式名称是"谷歌DeepMind围棋挑战赛"（Google DeepMind Challenge Match），又名为"阿尔法围棋挑战赛"。这场对局对DeepMind、谷歌和李世石九段都是一场无比寻常的挑战，对我来说也是一生最重要的一次挑战。这场即将在韩国举行的阿尔法围棋挑战赛虽然安排在三月，但实际上，全权负责该活动的谷歌韩国分公司早在几个月前就开始进行准备工作了。谷歌的创始人谢尔盖·布林（Sergey Brin）和时任谷歌CEO都将访韩，此次的活动意义重大。

作为在全世界瞩目的活动中负责公关战略的总负责人，我的任务非常艰巨。一想到我所做的每一件事都可能会被全世界的媒体报道出来，一方面我倍感压力，另一方面又充满微妙的激动和紧张。说到围棋，我脑海中浮现的只有黑色石头和白色石头，这样的我如今却站在了世纪对决的中间！

从大局到细节，绘制历史性的瞬间

为了向全世界展现人工智能与人类的对决这一历史性时刻，从制定战略开始，到协调韩国棋院、DeepMind和李世石九段之间的沟通，还有寻找进行比赛的场地、搭建舞台等，每一件事都要我们经手。寻找能进行这场世纪对决的场所就不是一件容易的事。需要稳定运行阿尔法围棋人工智能程序的网络基础设施和控制室，最重要的是决赛室，还要有足够的媒体采访空间，方便英语和韩语实时转播的各个解说室，以及各种休息室，要寻找一个能同时满足非常多需求的场地。最终好不容易选定了位于光化门的一家酒店，让对局舞台处于象征韩国文化的空间里，从这一点来看这是一个非常合适的场所。

在更高的层面上展现这场活动更难。不管是否了解围棋或者是否对人工智能技术感兴趣，向大众展现阿尔法围棋挑战赛和这场对决的意义是公关主管负责人最重要的任务。我为了传递"无论是阿尔法围棋赢，还是李世石九段赢，获胜的都是人类的创意性"这一主题倾注了心血。

在谷歌韩国分公司公关组和DeepMind公司严密的准备下，一切都顺利进行。为了吸引大众的关注，我们在事前举行的记者会上，播放了在伦敦的DeepMind创始人戴密斯·哈萨比斯（Demis Hassabis）与在首尔的李世石九段在视频通话中隔空击掌的画面。但直到那时，这个活动都只是围棋爱好者们比较关注。在对局当天，应邀参加记者会的全世界记者也不到100人。为了以防万一，我们准备了200人标准、最多能容纳350人的新闻大厅，以为这样应该没有问题。

越被关注就越紧张的现场

但问题总是发生在想着"应该没问题吧"之后。2016年3月9日至15日，共进行了五次对局。第一局和第二局过后，来到对局的后半场，对局现场开始被电视台和报社的记者们挤得水泄不通。媒体连日刊登有关挑战赛的报道，阿尔法围棋挑战赛突破了围棋爱好者圈层，成为所有人的关注焦点。不仅是报纸的头版，连光化门十字路口的所有电子大屏幕上都出现了这场活动的新闻。

但是，大众的关注程度越高，我们就越紧张地以秒为单位奔走。每当一次对局结束，就要立即用英语和韩语准备新闻发布会，并制作报道资料，在这种脚不沾地的情况下，最担心的还是新闻中心预留的位置不够。由于安保问题，记者需要事先申请才能参加新闻发布会，但随着采访热度高涨，没有事先申请的采访团体的申请蜂拥而至。

在进行第三局的当天，有500名记者来到了现场，远超预估人数100名之多。这也是新闻大厅可容纳人数的两倍。在五局三胜制的对局中，李世石九段已经连续输了两局。因此无论是阿尔法围棋赢了第三局获得胜利，还是李世石九段取得首局胜利，都将被媒体大肆报道。

之后，工作人员搬走了新闻大厅里的桌子，只留下椅子，位置还是不够。来自世界各国的媒体记者因为没有座位，只能坐在地上或站着，摄像机也没有位置，密密麻麻地挤在一起。我认为已经准备到完美无缺，甚至准备了B计划和C计划，但是实际发生的事却总突破预期。

没关系，天不会塌下来

我们没有因现场的突发状况陷入恐慌，没有那样的时间。因为"表演要继续下去",我们像念咒语般重复这句话。

"没关系。做不好天不会塌,世界也不会被分成两半。"

这句话的力量真伟大。在危急时刻,即使是很小的失误也很容易让人崩溃。每当发生预期之外的事,心里就会一凉,畏首畏尾,反而可能会出现更大的失误。这时,"就算这样世界也不会被分成两半"这句话就会奇妙地给人一种力量。不管我面对的是世界性的活动,还是有权威的知名人士,都没有必要怯场。

"不行就算了!做不到这一点,世界也不会毁灭。"就这样调整好心态之后,按照能做成事情的方向一步一步解决问题就行。因为危机只停留在一瞬间,所以才叫危机。

李世石九段终于在第四局中战胜了阿尔法围棋。在看破阿尔法围棋的招数后,李世石九段发起突袭,阿尔法围棋失去了平和,选择与对手握手言和。在看到"阿尔法围棋放弃"这一信息的同时,阿尔法围棋宣告失败。

第五局对局结束后,让所有人都万分紧张,一天仿佛是一年的所有活动都结束了。虽然李世石最终只取得了一局胜利,但在人类战胜阿尔法围棋的历史性瞬间,整个世界都在欢呼。为人类带来胜利记忆的李世石九段在第四局结束后这样说道:"赢一局比赛后得到如此多祝贺,这还是第一次。我不会用这世界上任何东西与今天的胜利交换。"

失败了也要重新挑战！我们还有下一局的机会

李世石九段三分钟内就接受了与阿尔法围棋对局的提议，展现了惊人的气魄。"我对人工智能的围棋实力十分好奇，我认为要解决好奇，最好的方法就是自己亲自去对局。"公认围棋世界实力最强的他，是否也担心过万一输了怎么办呢？

他很享受与阿尔法围棋的对局。第一局结束后，他在记者会上表示："虽然很震惊，但非常开心。我对后面几场对局也很期待，所以一点也不后悔。"看到他大胆的样子，我心中感慨万千。我也想拥有那样的气魄。也许李世石九段在与阿尔法围棋的对决中预想到了失败，但那个瞬间他也只思考"下一次"。他并没有因为输了这一局而气馁，而是在脑海中勾勒了下一场比赛的一击。

是啊，输了世界也不会分成两半。因为人生不会因三五局对决就结束。只要还活着，我们的人生就有下一局。即使现在可能会失败，也要再次挑战，不要安于现状。无论在哪里、做什么事情，我们应具备的人生态度都是一样的。哪怕感觉会失败，今天也要再次挑战！

第 19 章
专业休假人的休息之道

来到美国后我总算有机会放风筝了。放风筝时最重要的是调节风筝线的弹力,风很大的时候,如果把风筝线拽得太紧,它无法对抗风的阻力,很快就断了。在风筝线断之前,要马上放更多的线出来。这样,风筝就会自由地飞一会儿,然后飞得更高更远。看着那风筝,我想起了一个后辈。

你只打算工作两三年吗?

这个后辈的工作野心很大,也非常努力,最开始升职的速度比别人快两倍,很有能力。在谷歌韩国分公司工作时,他还参与欧洲或美国团队的项目,那时多个国家分公司之间相互协调的项目很多。有一次，我因为有一个凌晨的电话会议，所以很早就到公司，发现他已经在工作了。还有很多次到晚上12点多，他还在打电话工作或在笔记本电脑前认真发送电子邮件。

因为我看到了好几次，所以就这样问他："努力工作是很好，但你会不会太拼命了？"他回答道："要到了深夜才能和伦敦的团队一起工作，其实做完这些就可以下班了。但如果马上整理好伦敦团队发来的资料，转发给纽约的团队，然后早上就能交付给山景城的团队，这样在美国的同事就不用等一天了。所以好像总是要熬夜。白天也有其他工作需要完成。但我觉得这很有趣。"

但遗憾的是，后来这个后辈的身体健康出现问题，不得不休息一段时间。虽然看上去速度比别人快，但从结果上这是无法长久持续的状态。后来我才知道，他几年来一次都没有休过假，累积的休假天数超过五十天。当然也没有进行什么运动，周末几乎也不休息。他认为工作没了他就不行，时常因为不安而无法休息。

我们都应该成为专业休假人

并不是拥有时间和钱的人都会去休假。因为没想过，也不敢以休假为借口离开工作一周以上。越是优秀的人才，越难以摆脱对错过的恐惧，即FOMO（Fear of Missing Out）。这样的人只有自己参加了所有重要的会议，才能安心或尽兴。一个项目刚结束，就马上开始另一个项目。他们无法忍受什么事都不做。获得晋升后，也在为如何才能加快下一次晋升而苦恼。当进入这样紧张的路线时，职场生涯就会喘不过气来。

把两三年里快速晋升作为目标，沉醉在其中疯狂工作，这完全是不可持续的。我总是不留余地地对这样的后辈说："你是只打算工作两三年吗？如果不是的话就重视自己的身心健康。不要只看速度，否则就会像绷紧的风筝线一样，啪就断了。"

只要想长久地在职场上工作，为取得更大的飞跃必然需要休息。自我提升、事业成功、自我发展……如果只顾着向前跑，即使体力再好、再善于自我激励的人也会感到疲惫。因此，对上班族来说，像工作一样重要的就是充足的休息和休闲。

无论是休假半天、一天，还是超过一两周的长期休假，我都追求完整且充实地度过的"专业休假人"之路。在进入谷歌之前，我工作的礼来制药公司，一到12月初，整个公司就会冻结工作，所以每年的12月可以抽出两三周的时间休假。但谷歌通常都没有人会休假超过一周，当然那时因为处于初创期，还没有休假的先例。我想，只有经理展示了如何度过假期，组员们才会跟着度假，所以一到年末我都会制订两周到三周的计划去休假。刚开始大家还互相看眼色，后来好几个同事都开始慢慢地享受两三周的长假了。

脱离日常的轨道

2018年，是我加入谷歌的第十年，我申请休了五周的假期。走在西班牙圣地亚哥朝拜之路的某一段上，我享受着完全的孤立。这场旅行是在我五十岁到来之际，为了思考剩下的五十年如何生活，同时回顾过去而准备的。我计划从西班牙徒步到葡萄牙，这五周里每天要徒步20~30千米。

在超过一个月的时间里孤独地徒步，但是在这条路上能遇到很多同路的朋友。远远地看到前面走着的人，可以迅速跟上同行；看到后面跟着的人，也可以稍事休息等待对方会合。大概是在走了400千米的那天，我在路上遇到了一位女性，我像平时一样和她进行了简单的自我介绍，然后打开了话匣子。这位看上去像高中生的女性说自己正在度过间隔年。啊，我以为她是上大学前，刚刚要开始看世界的学生，结果她竟然正处于初中毕业上高中前的间隔年。

我心里想，她比菲利普还小吗？差点脱口而出："我有一个比你大几岁的孩子！"但如果听了这句话，她可能就不想再和我聊天了，于是我慌忙转移了话题。看来不管是十五岁还是五十岁，为了走得更远都需要休息和离开自己轨道的时间。而且，如果我没有来到这里，就不可能和这些朋友们对话，这个念头在我脑海中盘旋许久。

在圣地亚哥的漫长假期间，我遇到了很多人，并主动和他们对话，但实际上对话最多的对象是我自己。每天走20~30千米的旅行其实没有什么事情可做。走路、呼吸、偶尔休息、喝水、吃饭，这就是全部。在剩下的时间里，我不断地回顾过去的人生。小时候的我、人生反转前的我、人生反转后的我、作为女儿的我、作为妈妈的我、作为上班族的我、作为社会成员的我、高兴时的我、难过时的我、孤独时的我……我在五周的时间里回顾了这几十年里各种各样的我。

生活也需要保持距离

翻来覆去地思考"我"这个人，无论多么羞愧或伤心的记忆都会变成好的回忆。我每天的日程排得满满当当的，连上厕所的时间都没有，这样几乎不可能有从各个角度观察自己的时间和闲暇。

平时我会想："那个人为什么对我说那些话啊？"但是在旅途中，多花一些时间将自己客观化，就会思考"啊，当时如果我这样应对就好了"。对工作也是，不再想"啊，那件事只能那样做，好可惜"，而是思考"下一个项目的时候应该朝这个方向去做"。还有当时觉得很委屈的一些想法，也能成长为"现在想想并不是那么伤心的事情，可能是我当时太累了，反应太激烈了"。在不知不觉间这种条件反射般产生的消极想法已经通过思考转变为积极的想法。那些在公司时很难尝试的想法，这时能接连不断地出现，让我看到了以前看不到的东西。

对"公司之外的我"的思考也一样。如果反复思考"我"这个人，就会开始想起从未想过也不记得的过去，甚至会想到妈妈在我小学五年级的时候曾那样对我。在旅途中，可以重新找回因平时工作太忙而忽略的"我"这个人的各个侧面。

在疫情防控期间，我们可能有过类似的经历。与熟悉的人和熟悉的关系"保持距离"，这能让我们更清楚地感知在没有他人的视线后，自己真正喜欢和讨厌的是什么，同时也能感受到我们身边的那些关系是多么珍贵。同理，旅行和休息也有让我们远一点观察熟悉生活的效果。这也被称为"总观效应"。正如宇航员在空荡荡的宇宙空间里望向地球时，会感受到强烈的人类之爱一般，当我一一回想并抱紧过去的时间，那些自己以为已经消耗殆尽的情绪就会慢慢生长出来。其中也包括即使重新回到日常生活中，让我们无所畏惧的勇气。

第 20 章
打造积极气场的特别习惯

"工作多到数不清,快喘不上气了。"

"我的经理好像不愿看到我做得好。"

"我花了一个多月的心血准备的项目,却因为领导们的决定就不做了。我现在感觉好空虚。"

"全都是顾客的不满,但我却什么也做不了。"

"一想到要去公司,心里就堵得慌。"

职场中的压力是默认项。如果再加上家庭或育儿的压力,那简直就是地狱。每天都像打仗一样发生那么多无法解决的复杂问题,雪上加霜的是,还会发生像新冠疫情这样完全颠覆我们生活的突发事件——这种一个世纪都不一定会发生一次的事件。处于每个瞬间都会影响我们生活的心理危机和考验面前,如果只能被问题摆布,那你这一天就被毁了,而这一天会对一周、一个月以及整个人生产生负面影响。

快速恢复自我的习惯的力量

我们无法从根源上避免辛苦和困难的事情，但可以振作因此而崩溃的精神，尽快克服心理危机。无论经历了什么，只要我们拥有能快速回归正常状态的恢复力就行。对上班族来说，培养心理核心肌肉力量的最好方法就是养成习惯。与其被困境和环境左右，不如坚持不懈地创造属于自己的例行程序。

请想象一下当你在公司被掏空后，自信心跌入谷底的时候回到家中。可能你会想：唉，既然心情不好，今天就喝点酒吧。如果这样做，那你第二天一定会感到更加疲倦和无力，因为无法切断负面情绪的恶性循环。但如果你让今天和前几天一样，今天也穿上运动鞋去慢跑，接着继续读昨天读的书，然后睡觉呢？虽然这是辛苦的一天，但你却充实地度过了，所以能从情绪的低谷中走出来。动摇的情绪也在不知不觉间回到稳定的状态。摆脱疲惫的身体和负面的情绪，重新获得积极的能量。即使世界崩溃也一定要遵守的例行程序充满力量，它不会让我们脱离生活的轨道，会引导我们走向更好的明天。

在三十年职场生涯中，例行程序让我成为盲目的乐观主义者，帮助我锻炼出心灵的核心肌肉。遇到总是处在变化中的人，我感到害怕。他们似乎没有根系地漂浮，遇到激流就会被冲走。变化固然重要，但只有坚持，才能夯实自己的基础，永不疲倦地走下去。最重要的是，如果没有这样支撑我的例行程序的时间，我就不可能在激烈且时刻变化的职场上生存下来。通过充实的日常和由此获得的微小成就，我在工作时可以充满勇气地去迎接挑战，时刻保持充满活力的能量。

创造能给生活带来活力的例行程序

给我的生活带来活力的第一个例行程序是运动。对我来说，快走和跑步更像是一种宣告工作开始和工作结束的仪式。讽刺的是，消耗能量的运动才是获得能量的最好方法。偶尔觉得日常运动很枯燥的时候，我会果断地选择去旅行，主要是到三四千米高的山上徒步。徒步旅行虽然非常辛苦，但结束之后，激动的心情会持续很久。

第二个例行程序是多看一些能激励自己的内容。在早晨慢跑和晚上散步时，我经常听播客或有声读物。当下的有声内容有很多种选择，但我主要会去听提炼了当天主要新闻的NPR新闻网站和提供IT领域的重要见解的 *The Vergecast* 或 *Recode：Decode*，以及分享创业女企业家们故事的 *9 to 5：the Skimm* 和讲述挑战可持续的职业案例的 *Relaunch* 等播客。不仅可以学习英语听力，在疲惫的时候，人们或成功或失败，不断挑战的故事会成为我们的动力。

第三个例行程序是与手机分离。我有一个改善生活的专属仪式，就是计划好不看手机的时间，即数码排毒。我简直是一个没有智能手机就无法活下去的人。上班时如果没带钱包，我会继续去上班，但如果没带智能手机呢？我肯定会回家去拿。只要看不到手机，我就会感到不安，习惯性地检查社交媒体和电子邮件。在家办公期间，我对智能手机的依赖更严重了，一刻也不能把我从工作中分离出来。似乎智能手机就是连接我与世界的唯一纽带，孤立感反而加深了。因此，我干脆计划了不看手机的时间。下班后或周末会留出一两个小时不看手机。吃饭时绝对不把手机带到餐桌上，晚上十点以后也不再收到通知。

最好的排毒方法就是将自己孤立在无法连接智能手机或网络的地方。周末去登山或徒步，可以进行长期的数码排毒。

拥有好态度、积极气场的人

拥有积极能量，从容的人的气质很特别。这意味着围绕一个人的气场或固有氛围的"气质"，并不是一瞬间可以伪装出来的，气场反映了一个人的生活态度。对人开放的态度或对工作的热情、沉稳的态度或健康的身体，这些良好的习惯积累而成的"氛围"才是吸引人的魅力。

随着年龄的增长，越来越难守住这种"积极的气场"或"积极的能量"。体力逐渐下降，别说工作，连玩乐也很勉强。在工作中做有截止期限的工作时，有时不得不熬夜。如果需要育儿，几乎没有休息的时间。

如此这般肉体和心理都处于低谷的时间过长，那么返回正常状态的恢复弹性就会越来越弱，在危机发生时支撑着不让自己"崩溃"的心灵肌肉也会溃烂。相反，精力充沛、保持微笑的人周围充满了快乐和能量。看到对方的笑脸，不自觉地就想帮助他，想和他一起工作，这就是人性。随着恢复力的提升，能量水平也能让你保持着不出现低谷。

刚开始到美国总部上班时，办公室的氛围让我有点不知所措。提起"谷歌"似乎一般都会想到自由且充满活力的园区。但不知为何，早晨上班时，所有人都像进了图书馆一样，只对旁边的人轻声地说"嗨""早安"，就打开电脑忙着工作了。也许是因为太忙，为了照顾其他同事的感受才这样，但与充满活力的首尔园区相比，这里的办公室气氛非常平静。

我在首尔的办公室时喜欢举行各种活动，和其他同事"打"成一片，因此我很难就这样旁观总部的氛围。后来听其他同事说，早上即使想跟同事们打招呼，但因为太安静了，所以什么都没做。我不喜欢这种沉闷的办公室氛围，于是从上班的第一天就跟周边的同事打招呼。用非常活泼的声音说："你好""早上好""周末过得好吗？"刚开始，大家都露出惊慌的神色，但一两天之后，他们似乎已经习惯了。越来越多的人积极地回应着我的问候。

阳台花盆里的花总是向着太阳生长。扭转花盆的方向，它们会重新调整方向，向阳生长。生物体本能地喜欢光、想远离黑暗，这种倾向被称为"向日效应"。也就是说，他们会靠近让自己健康的方向，并远离夺走他们健康生活的东西。向日效应对个人与组织，乃至整个社会和文化中都有作用。我们都有向着对自己最积极的能量前进的倾向。

当我们向他人散发自己的积极能量时，他们也会朝向我们。让我们像阳光一样吧，在生活中坚持不断地成为积极能量的源泉，成为人们的向心力。

第 21 章
寻找隐藏的1%碎片的旅程

"你也因为我的离开而难过吗?"

收拾行李时,猫一直待在我的行李箱里。我在夏威夷毛伊岛度过了一个月,现在正在收拾回家的行李。啊,到了要分开的时候吗?看到猫的后脑勺在我的行李箱上四处蹭,我的心里酸酸的。之前的那么多次旅行,我住过很多民宿和民宅,但一直会避开有猫的房子。虽然有些好笑,但我小时候读了爱伦·坡写的小说《黑猫》之后,一看到猫就会产生微妙的恐惧。但不知是因为夏威夷的异域风景,还是因为在"疫情"这个全球性的危机下,我还能在旅行地享受美好生活的喜悦,我预订了有两只猫的房子。心想"从今天开始试着喜欢猫吧",并决定要每天喂猫。

发现内在新的自我的喜悦

旅行时，在陌生的地方和人群中，每当发现自己意想不到的一面时，我总是会被吓一跳。比如，我尝试着喜欢自己讨厌了五十多年的猫，结果不知不觉间产生了深厚的感情。甚至饮食习惯也发生了改变，我平时不喜欢吃生鱼肉，但在夏威夷第一次吃了波奇饭（用各种调料拌成的金枪鱼肉加米饭）后，我才知道我也很喜欢吃生鱼。虽说随着年龄增长人的口味也会发生变化，但如果没有这样的机会和环境，我不会发现自己的新口味。

如何在自己体内发现新的自己呢？我新的一面是什么呢？我们的想法和自我意识可以瞬间超越对自己的固定观念。到陌生的地方旅行既是创造新的自我的机会，也会成为改变现有面貌的好机会。

我在公司的工作是对外交流。因此，不少记者们也大概知道谷歌的郑金庆淑或露易丝·金是谁。不论我喜不喜欢，我一定程度上都是能代表谷歌的公众人物，所以我会被贴上谷歌的标签。虽然大部分的这些标签都能为我带来益处，但也有"大公司的高管"之类的偏见与成见。

因为一天的大部分时间都是在公司度过的，所以我们很容易陷入上班族身份的束缚中。总是处在同样的人际关系中，总是局限在同一个身份，人很容易疲惫。我们要结识新的人，把自己放进新的空间里，给自己注入新的空气。

这时最需要的就是独自旅行。在旅途中，我们可能会遇到一生碰不到的与自己完全不同的人，并努力去了解他的故事。在面对他人的人生旅程中，我们会变得谦逊。也许会感到自己的微不足道，也可能会从我没有过的灿烂微笑中得到灵感。

向陌生人伸出援手

旅行也许是唯一与各种各样的我相遇的契机。在韩国时，我在国内的各个地方旅行了很多次。在陌生的山村漫无目的地走着，经常会看见锄地的大婶（实际上大部分是老奶奶）。那时是农忙期，需要很多人一起劳作。于是我走到旁边，跟她们打招呼。当然听到了我打招呼，她们通常连装都不会装一下，所以我也就默默地开始工作了。拔杂草或拿起旁边的锄头锄地，有时还会帮她们捆冬白菜。在收大蒜季节帮忙收大蒜，在土豆丰收的季节小心翼翼地捡土豆。还曾经在郁陵岛种苍葱，在济州岛挖胡萝卜。

通常，老奶奶们会有点警惕地看着我，不知道我为什么这样做。当我默默工作一小时后,奶奶们就会大声地与我搭话:"你是从哪里来的?"只要打开了话头,马上就能成为朋友。奶奶们叫我一起吃东西,还让我吃了饭再走,甚至还说要是无处可去就在她家过了夜再走。这时,我就会马上接住:"我饿了,奶奶。我正好需要一个睡觉的地方,真的非常感谢。"就是俗话说的"撒娇"。

和孩子一起去旅行也一样。我让孩子也一起帮忙拔白菜,跟老奶奶们对话。住宿一般会选在主人也一起住的民宿里,让孩子主动打扫卫生。一次去郁陵岛四天三夜的旅行中,我和孩子们一直坐在斜坡上种苍葱。走的时候房东阿姨给我带了一大包,回家后我给阿姨打电话说到家了,让我感觉自己有了另一个温暖的故乡。

哪怕只有1%的碎片也好

我每年独自旅行一次,每两年旅行一次去做志愿活动。因为我想把自己所拥有的至少1%的时间和金钱用在别人身上。例如,几年前我去坦桑尼亚旅行,与制作服装筹集基金的非营利组织同行。学会了使用简单的缝纫机制作产品,购买布料,还能照顾孩子等,只要我能做的事情都会去做。在柬埔寨五天四夜的旅行中，还照顾了因父母外出工作而留守的孩子们，教他们使用电脑。

如果你也想进行志愿活动，但不知道如何开始，最好先了解一下海外志愿服务团体。花钱去旅行，然后在当地进行志愿活动的项目非常多。也可以很容易找到提供低价机票和宿舍，并牵线在当地组件志愿服务的团体。

像这样在旅行中干农活或去海外进行志愿活动，很难说是为他人行善。只不过在这样做时，我的情绪会更加充沛，感觉自己的假期很有意义，对此非常满足。就像在外辛苦工作的大人会在疲倦的日子买炸鸡回家一样，有时为他人考虑的心意会让我们得到极大的安慰。这些事情是我目前能做的最好的事，这让我的心重新充盈起来。据说，在进行志愿活动或善行时，人体内产生的内啡肽比平时多三倍，这可以提高我们身体的免疫能力。因此，志愿活动不仅可以培养心灵的体力，还能帮助我们维系身体的健康。

有时我会觉得我们得到的已经太多了。在日益严重的社会财富与机会的不平等中，我可能属于得到很多东西的既得利益层。因这种负罪感，我在努力寻找能够对这个社会做出小小贡献的方法。因为我所拥有的力量、精力、热情和时间并不完全属于我。就像为了打造自己的生活而努力一样，把我的部分时间献给了非常小的善行。

第 22 章

让公司为你的价值而行动

我们希望自己的工作对世界有所贡献。在餐厅做的食物填饱了顾客的肚子时,精心制作的书被需要的人阅读时,熬了几天几夜开发出的应用程序解决了某些人的需求时,马上就会消失的喜悦升华成满足。虽然这可能是空话,但如果没有这种想法,度过占据每天一半时间以上的工作的每个瞬间该有多痛苦。

但很遗憾,我们时常在工作中忘了这种意义。如果无法不断回想工作的意义,就很难真正感受到通过自己的工作帮助了别人。这样拼命工作有什么用,即使没有我,也很快会被别人代替。一旦有了这样的想法,我们马上就会泄气,放开手中好不容易握紧的绳子。只要是在系统里工作的人,产生这种想法时会很容易感到疲惫。然后他们会决定辞职后去做"我的事",过真正的人生。

　　但"真正的人生"一定要这样才能开始吗?不能尝试在公司过真正的人生吗?不能同时实现作为上班族的目标和作为人的目标吗?我一直在寻找能够同时满足公司的价值和自我价值的方法。我决定找到一件事,与退休后成为普通人时相比,在谷歌工作时做这件事能产生更大的影响,同时这件事也能激发我的职场工作热情。如果我认为能让世界变得更好的事也可以得到公司的支持,就再好不过了。我为因此而开始的事情起名为"热情计划"。

让我低落的心重燃的热情计划

　　在谷歌韩国分公司工作时,我有"龙穴女王"的外号。这个外号是说,我是谷歌亚太地区主办的特别基金项目"龙穴"的第一人。"龙穴"是谷歌内部的一个项目,员工提交了对社会有贡献的方案,如果被采纳了就会给予特别基金。这意味着不仅要提交想法,还需要制订详细的计划,包括与谁合作、如何实行、预算如何使用等问题,并在三分钟内向各级审查委员介绍。当听到提示时间到了的"叮"的一声,必须结束介绍,是一个非常严格的审查流程。

三分钟的介绍结束后，提案人将与审查委员进行两分钟的答疑。这时会出现很多非常尖锐的问题。比如这个想法是如何进行调研的，你认为实行时的难点是什么等问题，要在短时间内说服审查委员。当然，为此进行演讲练习也非常重要。公司出资让我主导做自己想做的额外项目，我会迸发出之前没有的能量。

为重燃死去的热情火种的"热情项目"，是让我在主业之外，能实现社会贡献的种子项目，我希望这种热情能传到我的整个生活，这是我独创的方法。沉浸在某件事中并倾尽全力，并不会消耗我们的能量，反而这种能量会成为带动日常生活与工作的动力。神奇的是，即使像这样进行了几天的调研、与合作伙伴沟通、细化项目的内容，并且彻夜练习演讲，也不会感到疲倦。回到本职工作时也会感受到更多活力。

即使竭尽全力准备，也有可能在面试中落选。但是，即使被淘汰，感到受挫，也要先试一试。只要是对我们社会有一点帮助的事情，我就会申请。青少年指导项目、青少年创意项目、向岛屿地区赠书项目等，即使不在非营利组织任职也可以做。只要花一点时间和精力就能做好事，没有理由不做。如果被淘汰了就当作演讲练习，我每次都申请参加，结果就是，我成了亚太地区最大的受惠者！我在"龙穴"项目中获得批准的项目最多。

以上班族的名义能做的一切

《美食、祈祷和恋爱》的作者，也是我喜欢的小说家伊丽莎白·吉尔伯特曾说过这样一句关于工作的话："工作要想成为事业，必须是我能够付出热情的东西，必须是我真正喜欢的东西。"更进一步地说，"工作"能否成为"事业"，对待人的眼光，即价值观起着重要的作用。点燃我热情的是谷歌内部的哲学和尊重多样性的文化。一项研究表明，当公司尊重员工的个人价值观时，整体的工作效率也会更高。也就是说，当你认同自己所在的公司是在做"好事"时，心灵才能感到充实，激发出新的热情。

公司里有很多同事对我发起的项目都给予了支持，比起我个人，作为组织的一员在社会上发挥善良的影响力，这让我的内心久久不能平静。随着时间推移，在现场感受到的氛围反映了世界和人们的视线正在逐渐发生变化。虽然我一个人的力量很微弱，但只要我从今天开始行动，明天一定会有所变化。切身体会着这些变化的经历，让我的生活充满温暖的肯定和热情，没有经历肯定是不会明白的。

善意的行动和由此获得的肯定，也许是让人忘记生活倦怠和疲劳的终极喜悦。如果能在公司里得到这种喜悦，还有比这更幸运的人生吗？利用公司的各种资源让公司做对社会有益的好事,同时也做成了自己喜欢的事情。不是让自己成为满足公司价值的工具,而是让公司认同我的价值。只有当公司和我同行时,工作时才能获得不疲惫、长久前进的动力。当然,如果没有个人和组织双方的努力,这是不可能实现的。希望有一天,所有的上班族都能毫无畏惧地说出心中的善良价值观,并得到支持,毫无顾忌地行动起来。

作为女性、母亲，以及领导者的生活，
绝不可能独自完成。
因为有了相互支持、推举、握紧双手的"人们"，
我们才能持续、不间断地走到最后。
现在我明白了，联结是我建立自己的世界时最本质的力量。

第四部分

女性、母亲、领导者——
同行之路

第 23 章

没有任何人能提前计划

进入谷歌韩国分公司的那一年,谷歌以三百多名谷歌女性经理为对象,在硅谷山景城举行了每年例行的女性领导能力大会。市场营销、公关、工程师等各领域的女性经理齐聚一堂,我也参加了此次大会。大会第二天的一大早,举行了名为"与女性领导人对话"的座谈会,四名谷歌的女性高管被邀请上台。她们四人都是从谷歌初创期就加入的VP或总监,刚刚加入谷歌的我对能听到女性领导人的经验和见解充满期待。座谈会的形式是主持人提问,嘉宾自如地分享自己的经验。在座谈会中,主持人提了这样一个问题。

"十年后你会做什么?请说一说你的职业规划吧。"

这是一个有趣的问题。那时,我有非常明确的职业规划。因为在那个时候,如果当别人问起,回答不上自己的规划和打算，就会被批评的。在等待高管们回答的过程中，我听到了让我吃惊的回答。

我的计划就是没有计划啊

"我没有。萨拉，你有吗？"一位高管问坐在旁边的高管。

"没有啊，哈哈。"

"我也是。"

"我也没有。"

"咦？四位都没有职业规划吗？"

"连明天会发生什么都不知道，我该如何计划十年后的事呢？"

难道四名高管天真烂漫地笑着回答说自己的职业计划就是无计划吗？而且她们似乎理所当然地哈哈大笑，我感到有些慌张。

接下来的问题是："你现在还在最初进公司时的同一个部门工作吗？"对这个问题，她们也都回答了"不是"，所有人都说现在正在做与进入公司时完全不同的事情。下一个问题是"到目前为止待过多少个团队"，她们平均都在四五个团队里工作过，经历过六七名经理。其中一名高管甚至回答说："进入公司时我曾下决心一定要避开那个部门，但现在正在那个部门里有趣地工作。"另一位高管接着说了下面这番话：

"谷歌发展得太快了，当你下定决心'要在这里做出一番成就'时，一两年后团队就扩张得很大，需要与其他部门合并或为了发展而拆分团队的事情不计其数。在这种情况下，如果陷入'我的职业生涯应该这样规划'的计划中，就无法拓宽自己的视野，被职业计划所困就无法获得更多的机会。企业快速发展、IT产业急剧变化，在这种情况下，即使制订了职业计划也总是会产生许多新的机会。所以我希望大家能从更长远、更广阔的角度来思考。没有计划并不丢人。"

当时我坚信一切都要按照制订好的计划一丝不苟地执行时，这番话给我带来很大的冲击。那么，这意味着她们都在随心所欲地生活吗？不。没有计划是意味着我想做的事会"经常"改变，所以会出现意想不到的机会。也就是说，随时都有可能出现我不了解的领域或项目，因此应该时刻保持开放的状态。

当然，听到"没有计划"这句话时，我就像被人狠狠地击打后脑勺一样震惊。但在谷歌工作超过十五年后，我完全理解了这些女性高管说的话。随着谷歌快速地发展，一个人可以获得许多只在一家公司无法体验到的机会。就像现在我所在的部门一样，新增了很多原本没有的部门，出现了无数新的机会。三年后要做什么，七年后要做什么，十年后要做什么……缜密的计划和完善的准备固然很好，但随着年龄增长，我越来越深切地感受到：保持对职业规划的开放思维，相信自己的可能性，留出空间非常重要。

留心观察之前没有的业务和部门，灵活地制订计划，睁大眼睛、张开耳朵吧。尤其是当职位升级到总监级别，拥有了在任何部门都适用的常识或经验，尤其是辗转于相关部门间、从更高的层面思考并保持开放态度的人才们，以及从合作的方式中收获成果的专业人士们，他们会获得更多的机会。从我个人的经验来说，从新手到高级职员，然后成为领域内的专家或通才，拥有的力量是无比强大的。因此，在职业生涯中，即使工作没有按照你的计划顺利进行，也不必太焦急。人生很长，随时准备着的人一定会有机会。

专家 vs 通才

"我做了五年的市场营销，继续待在这个部门会更好吗？"

"我做了十年销售,现在还能重新开始学习其他部门的业务吗?"

"如果现在跳槽到其他领域,我过去的经历会不会都白费了呢?"

这是我在指导职场后辈时经常被问到的问题。不仅在公司内部,在思考新的工作或职业路径时,大多数人都会犹豫是继续做至今为止都在做的工作,还是换一份工作。这也是我一直苦恼的问题。我从信息通信产业转移到医疗制药产业,之后来到IT产业;我负责的领域从公关转换到市场营销,又再次回到公关。在这个过程中,我思考的问题只有一个:是成为一个领域的专家,还是成为了解所有领域的通才。毫不夸张地说,我职场的三十年就是为了回答这个问题。

我思考的结果大概如下。第一,最少三年到十年的时间里,应该在自己的专业领域里积累专业知识。也就是说,要成为专家。我做得比别人更好,看别人看不到的地方,尝试用别人没试过的方法,深入积累实务知识和实战经验。专业到让自己在工作中说的每一句话都值得信赖,能让同事达到"啊,如果是露易丝这样说,那肯定就是这样的"的信任。

确认自己真正喜欢什么、擅长什么,不断尝试的时间至少要三年。不管做什么事,第一年通常都很难弄清楚原因,是我做得好,还是运气好,或者反过来,事情没有成功是因为运气不好,还是因为我做得不好。第二年是运用所学的一年。如果第一年的成绩很好,那么第二年就去钻研能做得更好的方法;如果第一年做得不好,就试着用这段时间学到的东西避免重蹈覆辙,这个过程是必须的。然后,前两年掌握了工作是如何运转的,第三年是扩大工作规模的一年。不仅是工作成果,也要扩大人际关系和自己的视野。就这样,至少需要三年,才对自己的成果充满自信,获得他人和自己都认可的专业性。

第二,在积累专业知识和经验的同时,通过与相关部门协作扩大实战经验。可以与相关部门合作开展项目,还可以尝试转岗到其他部门。如果到了科长(主任)这个级别,比起自己做什么,更要关注他人正在做的事情。我担任中层领导时,结识了后来成为二十年知己的四名同事,从而了解其他团队所做的事情,拓宽了视野。这也是练习成为领导的方法。

在市场营销和公关两个团队工作的经历是我的特别资产。因为更宽阔的视野,可以同时考虑公关和营销的业务,创造更多有效合作的机会,这是我的优势。只要有与一个行业相关的专业知识和经验,就可以以此积累通用知识和经验。深度了解行业后,能察觉到新的机会,为公司的主要决策提供深度解读,这种能力在与相关部门的合作关系中,达到事半功倍的效果。

第三,资历越久,越要追求成为通才。在拥有扎实的实务能力后,现在应该提升自己的格局,培养领导力。专家和通才的区别不仅仅是业务专业领域的多样化,通才懂得如何与其他部门合作,引导双方共赢,拥有为公司取得更大成果的思想高度和执行力。拥有这种综合思维与工作态度的职员,会从宏观的角度关注自己职务之外的事,并积累自己的见解。对这样的人,在十年、二十年后,将迎来做更多事情的机会。

"逆向拆解"闪闪发光的未来

最后,如果没有具体的计划让你感到不安,可以尝试"逆向拆解"自己的人生。逆向拆解是指,为逆向追踪已经制作好的系统,获得最初的文件或设计技法等资料的工程技法。我们可以将这个方法用到职业路径与人生中。在相关领域寻找最好的例子,然后倒推分析,了解是如何成功的。就像吃到最好的料理时,追究是用什么食材做成的一样,设想十年后我想成为的样子,非常详细地追踪成为理想样貌必经的过程,然后思考应该如何做准备。

请先回答"我在五年后（或者十年后）想以怎样的面貌生活"这个问题。比如"十年后，我希望成为全球性非营利组织的负责人，全身心投入人权问题，为提高韩国的残障人士和性少数者的人权而进行立法活动和教育活动。"然后，再回答下面这个问题。

"你是怎么成为非营利组织的代表的？为此你做了哪些努力？"

这个问题需要非常具体的答案。首先，要找出接近自己理想领域里最优秀的专家，或与自己的人生价值观最接近的榜样。研究他们取得成功依靠的是什么，应该学习什么知识，应该积累哪些经验，或者需要哪种资格证或语言能力，需要建立什么样的人际网络等。最后，思考如何将这个过程应用到我现在的生活中，并付诸实践。如果让我回答这个问题，我会说："到达现在这个位置之前我经历了很多曲折。在我从谷歌辞职之前，我加入了XYZ人权运动组织，了解了非营利组织是如何运作的，还学习了我尤为关注的立法过程。三年后，当我辞职时，我会……"

进行这样的自问自答，回答非常具体的问题，能够更明确地描绘出如何靠近五年或十年后我理想人生的"过程"。这样绘制出的蓝图会成为迎接明天的可靠导航，帮助我们充实地度过每一天。

第 24 章
遇见让人心神振奋的领导

2007年进入谷歌韩国分公司后没过多久,我飞往巴黎,去参加各国负责公关事务的人员齐聚一堂的研讨会。这种活动被称为"Offsite",一般一年举行一次,便于公司所有负责公关的人聚在一起,互相学习、制订计划。当时谷歌亚太地区没有设立专门的公关团队,也没有主管。当时还不熟悉谷歌公司与文化的我,是亚太地区唯一的出席者。

Offsite的前一天,我正好得知谷歌搜索相关的记者招待会在市内美术馆召开的消息,为了学习其他国家如何做准备的,我决定去参加。美术馆散发着古典气息,但设置相当陈旧。招待会是开放式的,记者们陆续进馆。随后,当时负责谷歌搜索业务的副总裁玛丽莎·梅耶尔(Marissa Mayer)登上了演讲台。玛丽莎·梅耶尔是继谷歌创始人和埃里克·施密特后,在谷歌最具影响力的高管之一。只是看到她的演讲就已经很令人激动了,但实际上,比她的演讲更引人注目的是从陈旧的天花板上滴下来的水珠,水珠不停地滴落到为保障安全而事先放置的容器。问题发生在这之后。当梅耶尔开始演讲,天花板上的水珠突然变成瀑布般的水柱冲下来。

——哗啦!

就像有人用铁桶往下倒水一样。梅耶尔似乎有些惊慌,但马上继续自己的演讲。这多亏了一直在后面奋力清理现场的一名同事。她身穿白色圆领T恤,黑色紧身裤和黑色运动鞋,快速地拿来铁桶接住倾泻而下的水柱,接满了就倒掉再来接,忙碌地跑来跑去。为了不让地板上的电线被水淋湿,她不断地移动着设备,同时还不忘给梅耶尔做指引,非常忙碌。我心里想,原来也有工作起来手脚这么麻利的西方人,对她印象非常深刻。之后,记者招待会继续进行,她就坐在大厅后面的地板上看笔记本电脑,继续自己的工作。

接住从天而降的水柱的她

如此惊险的记者招待会结束后的第二天,我终于到了期待已久的Offsite。首先是主管欧洲、中东、非洲地区的公关副总裁的开场演讲。竟然是昨天穿着T恤、拿着铁桶在记者招待会上跑来跑去的那个女人！昨天记者招待会上的那位同事是蕾切尔·惠特斯通副总裁。因为过于震惊，我已经不记得她在开场时说了什么。

与我的榜样蕾切尔的相遇是如此强烈。那一刻不仅给我留下深刻的印象，对蕾切尔本人来说似乎也极其具有冲击性。后来，当被问及工作中最尴尬的时刻时，蕾切尔曾立刻回答是在巴黎召开记者招待会的那天。她说当水从梅耶尔的眼前倾泻下来，她也感到眼前一阵发黑。对她来说那也是最糟糕的瞬间，即使她的级别是副总裁，那时也毫不犹豫地拿起铁桶奔忙。从那天以后，不考虑职级和制度，以最快的速度、用擅长的人解决问题的领导形象就深深印刻在我的脑海里。

现在想想，我一直在公关和市场营销两个方向寻找自己喜欢的东西，最终选择公关其实是因为蕾切尔·惠特斯通。2007年，我第一次见她时，她还是主管谷歌欧洲地区公关事务的副总裁，到2008年她晋升为全球副总裁（现在是奈飞的CCO）。

在她成为谷歌全球公关主管的那一年，我第二次参加了Offsite。会议依然是蕾切尔进行开场演讲。一般来说，开场演讲是组织的领导介绍整体的战略和方向，并称赞过去一年中做得好的地方，为团队鼓舞士气，一般在十分钟左右。但蕾切尔与众不同，她与没有稿子、以轻松的氛围进行演讲的其他高管不同，她的手中握着写满字的六七张A4纸。演讲内容虽然是关于谷歌的，但还包含了对网络产业和技术企业应该发展的方向、现在的问题或以后可能会出现的议题，以及即将出现在我们面前的无数机会，她的演讲充满扎实的调研内容。令人惊讶的是，她几乎把七页内容都背下来了。在三十分钟的演讲中，除了偶尔瞟一眼稿子外，她几乎没有碰过稿子。就这样，每年的Offsite上蕾切尔都一如既往地准备着完美的演讲，而我每年最期待的就是她充满领导魅力的开场演讲。

——我也要成为那样的领导者。

我好像迷上蕾切尔了。她不只是"人很好"的领导，而是以专业知识和洞察力走在前面的领导，我下定决心要成为这样的人。仍然有想要追随的人，这真是一件令人鼓舞的事，所以今天我也在努力学习。读研究生，在网上查找资料，阅读所有相关报道，为能说一口流利的英语，今天也在努力。

帅气的姐姐们，跟随她们、召唤她们，一起前行

作为一个职场人，勤奋且机敏是在决策时绝不能错过的处世哲学。蕾切尔展示了作为一个组织的负责人不应该忘记什么的责任心，给我留下深刻的印象，在谷歌工作的十五年里，蕾切尔成了我非常重要的榜样。有一个想要追随的人，梦想着总有一天要成为CCO的，总有一天要成为像蕾切尔一样优秀的决策者的梦想，都成了我不断前进的动力。

仔细回想，在我的职业生涯中，作为榜样的人大部分都是女性。工作时不分男女，寻找榜样时也没有特意区分，但从相似的立场出发，对女性榜样的共鸣确实更多。无论是美国还是韩国，级别越高，女性领导人就越少。即使在多样性价值受到尊重的美国，女性在工作岗位上获得成功的机会也很少，这是不争的事实。

连续遭遇这样的情况，就会泄气地想"也许对女人来说这样的机会已经很好了，我尽力了"，不自觉地止步、放弃。很难在此基础上再向前一步。而且，这种态度不只限于个人，甚至会扩散到整个组织。挑选晋升对象时，在具有同等资格的职员中，就会形成"难道不应该让承担一家之长的男性晋升吗"的氛围。应该有更多发展得好的女性出现。这样新人们才能看着她们获得勇气，敢于追求梦想，遇到不公

正时发出更大的声音。

正如女性榜样成为激励我的力量和鼓励一样，我也有一种要成为后辈们榜样的责任感。所以，我自认为应该成为搭建梯子的人，这样，除了我之外，她们还能找到各种各样的榜样。例如，我总是创造让组员可以与我的上司见面并直接进行交流的机会。在来美国之前，我每周有与亚太地区公关副总裁进行的一对一会议，我把这个会议转换为小组全员会议，让组员们可以直接与亚太地区的主管交流。来到美国后，我也会每个月邀请组员参加与副总裁的一对一会议，并让他们亲自做汇报。因为我想为组员们创造接触点。在很少有机会与高层领导见面交谈的新手时期，很难知道自己是否能得到认可。仅仅是能与领导交流，就能让他们获得鼓励，并帮助他们在领导中寻找榜样。

建立叫作榜样的强大激励系统

业务成果越好的人，越不是被工资或福利等物质激励的，人们的认可和称赞是最大的激励因素。换句话说，寻找榜样就是建立一个不断激励自己的系统。

当然，并不是所有人都能遇到值得尊敬的上司，在公司里找到自己的榜样非常幸运。但是，世界上没有完美的人，你也可以在不同领域、不同的时期，在公司外部寻找榜样。工作三年、十年、二十年的时候，你的榜样可能各不相同，职场的榜样和人生的榜样也不一样。如果这样也找不到，就在其他行业里努力找找看吧。甚至可以细分到演讲、决策、性格、业务执行能力等更小的领域。

如果只用消极的眼光看待不完美的上司，就会因此而做不好该做的事情，错过该学习的东西，最终把事情搞砸。请怀着耐心更加乐观地环顾四周吧，一定有值得学习的人物。哪怕这个人身上只有一点值得学习，那就学那一点就好。如果真的没什么可学的，那就自我警惕绝不要成为那样的人，以此作为反面教材。

以我过去三十年的职场经验来说，没有一点值得学习的上司是不存在的。这种思考的态度对精神健康，甚至对我们的职业生涯都有很大的影响。从小处说，可以帮助我们愉快地度过不舒服和不满的一天；往大了说，这不仅决定了团队和公司的发展，也是左右自我成长的重要分岔点。因为选择用何种观点看待所处的环境里的人，是我们自己。

第 25 章
没有所谓伟大的开始

那是我在美国上班的第一天。在谷歌韩国分公司工作的十二年里,我到总部出差过二十多次,所以很熟悉谷歌总部的园区。但是一想到以后这里就是我工作的地方了,又开始有点紧张。凌晨,天还未亮时,我早早地从睡梦中醒来,开着租来的车向离家十分钟车程的谷歌园区驶去。快到办公楼时,警车突然发出警笛声,并朝我的方向驶来。这么一大早是怎么回事?我有些惊讶,警察用扩音器对我说:"请在路边停车。"究竟发生什么了?

我非常紧张地把车停在了路边。学着在电影里的场景,我摇下窗户,双手放在方向盘上静静地等待。走过来的警察一边观察,一边用闪光灯照亮车内。我问他怎么了,警察用若无其事的语气回答:"哦,你没开灯。现在天还没有完全亮,你应该打开车灯。"紧张的我听到这句话后放松了。就这样聊了几句之后,我说今天是我来美国上班的第一天。警察这才笑着说:"恭喜你。开车小心。"幸好没有被开罚单。啊,第一天上班遇到的第一个人,也是第一个祝贺我的人竟然是一名警察。我的美国生活就这样开始了,应该没问题吧?

请告诉我只属于你的"故事"

这件事也让我想起了第一次参加谷歌面试时的场景。2007年进入谷歌工作前,我一共接受了七轮面试。那时,谷歌韩国分公司还处于初创期,韩国的办公室里没有人能进行与职务相关的招聘面试。在首尔结束了与招聘负责人的第一轮面试后,为了参加下一轮面试,我需要乘飞机去总部所在的加利福尼亚山景城。从旧金山机场驱车向南行驶一小时左右,在两天一夜的时间里我一共见了六个人。为了这次面试,我乘坐十三个小时的飞机从首尔来到美国,待了不到二十四小时就返回首尔。我心中感慨,这家公司为了聘用一个人,竟然能这样不惜花费机票、酒店住宿费等经济成本。

面试中主要会问什么问题呢?在这个过程中,面试官们关注的问题并不是"你在此前的工作中取得了什么成就"。他们提出的问题都非常具体，比如你做什么项目时经历了怎样的过程，是如何解决问题的。当问题集中在"如何"而不是"什么"时，我产生了一种自己被作为例子分析的感觉。当面试官听到我曾去过喜马拉雅山时，详细地问我为什么决定去攀登喜马拉雅山，在那里感受到了什么，事前是如何制订日程的，以及在旅途中如何与陌生人建立关系等问题。通过这些问题可以很好地了解面试者的沟通方法、领导力、热情、积极的态度等。也就是说，这些都是在确认我是否符合谷歌公司的组织文化。

　　以一个小时为单位的一对一对谈形式的招聘面试连续进行，可以说是让我完全透明地暴露了自己。面试的过程让我感到之前的准备没有白费。他们尤其高度评价了我通过多门研究生课程积累专业知识、建立知识体系的行为。看到我几年来兼顾工作与学业，认可了我对职业发展的真诚和踏实态度。被聘用后，我还从经理那里得知，在徒步登山和背包旅行中，我能克服肉体的极限，在突发状况下也不慌张地解决问题，这一点也得到了很高的评价。在旅行中与各种陌生人交流，所积累的温暖故事也是加分项。作为需要经常与人打交道的公关负责人，这些经历展现了我积极的思考和我的热情，得到了很高的分数。

在这场漫长而深入的面试即将结束时,我深深地感觉谷歌就是我想工作的地方。因为仅仅是在面试中,我就切身感受到这里是各不相同的人们都能愉快工作的地方。面试官都如此热情,公司的气氛该有多好?

不只是尖端技术,还需要传递人情味的讲故事技巧

就这样在谷歌韩国分公司工作十二年后,我再次成为一名谷歌新人。作为全球公关负责人,我在美国总部的工作是"讲国际故事"。大家都问:"讲国际故事到底是做什么?"一句话来说,我的工作就是"发掘"故事。在谷歌工作,能接触到世界上所有前所未有的创新技术。这些技术大多被用于让我们的日常生活更方便。比如,原本三十五分钟的路程,现在只需要走三十分钟;告诉用户哪里有残障人士的便捷设施,以及许多有用的产品。各类产品的公关负责人会介绍这些产品的功能,而我要关注创造出这些产品的人的故事,即挖掘产品创新背后的人的故事。

谷歌公司里有各种各样的人和团队。故事如工作的人一样多。公关负责人发掘这样的故事素材,通过媒体传达给大众。例如,谷歌安卓推出的"Live Transcribe",是一款提

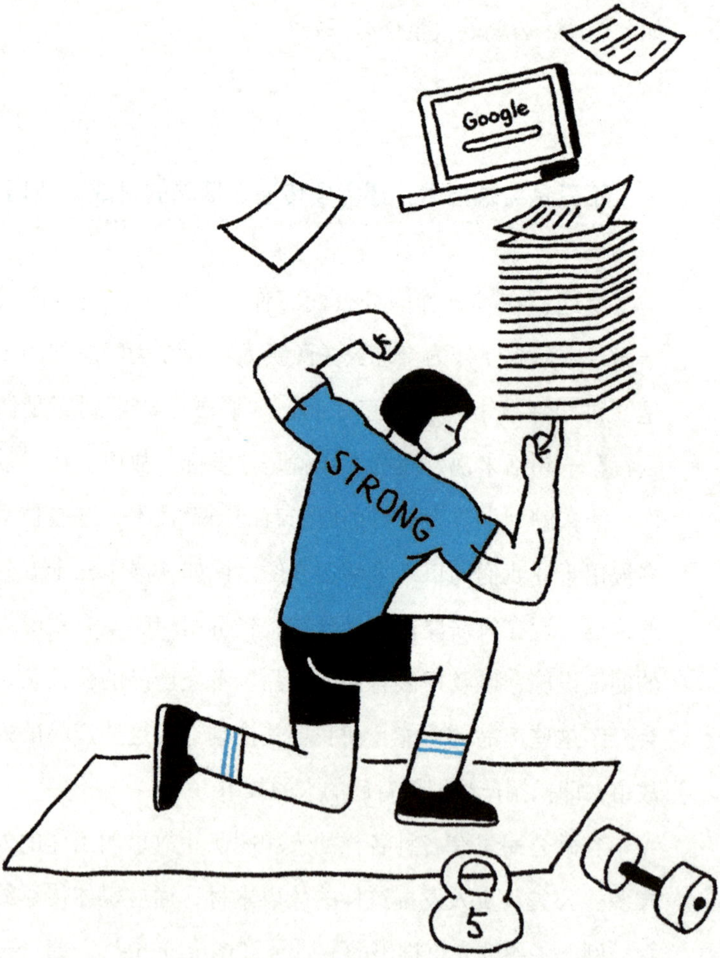
Google
STRONG
5

供实时字幕的应用程序。这款产品可以将听到的语言实时转换为字幕，如果需要和听障人士对话，这个应用程序可以直接用字幕把你说的话显示出来，实现顺畅的沟通。甚至还可以实时进行翻译。

这一应用程序的开发者来自地区语言多样的印度。他希望不同语言的人能够毫无障碍地沟通，因此研发了这一功能。项目成员中还包括译名叫德米特里的同事，他的口腔结构与普通人不同，无法清楚地发音。人们听不懂德米特里发出的声音，但他的发音也有自己的规则。如果能够掌握这些规则并进行翻译，就可以减少与他人沟通的困难。开发者将德米特里的声音输入电脑，训练机器学习，然后制作了"德米特里模型"。这扩展了这个应用程序的可用性。德米特里回忆说："通过这个应用程序，我第一次和孙女进行了对话。"

我工作的第一步就是发掘这样的故事。不关注技术万能主义，而是寻找温暖的技术故事。我期待更多的人能聆听这样的故事并产生共鸣。受到关注的不是我，而是故事的主人公。为了让更多的人看到他们的故事，我在舞台背后撰写故事脚本，帮助他们练习演讲，利用媒体传播。新产品或功能发布时不仅仅要介绍功能，还要介绍产品背后温暖的故事，我为能持续传递这些而努力。

更深刻地共鸣,更广阔的连接

我的另一项工作是连接全世界的谷歌分部。即,把前面提到的"讲故事"的角色"国际化"。谷歌所属的母公司Alphabet虽然是全球市值前五名的顶级跨国企业,但谷歌的所有职员不可能拥有同样水平的国际化视野。将美国总公司各个产品的公关部门与欧洲、拉丁美洲、亚太地区的全球公关团队连接起来,为他们树立全球化的视角,这就是我的另一项工作。

将各个团队"连接"起来,小到确定各个国家的采访时间,大到组织像谷歌开发者大会这样的大型活动,或策划并执行CEO桑达尔·皮查伊(Sundar Pichai)的全球新闻发布会等。因此,我的工作整天都在不停地与全球团队和美国团队进行会议,不仅要看美国的时间,实际上我生活在全世界的每一个时区。如果接受西班牙媒体的采访,要遵照西班牙的时间。就像存在于每个时间段里的赫敏[1]一样,我每天有四十八小时也不够用,简直生活在全世界的所有时间里。

我来到美国后,开始积极与驻美的全球媒体建立关系。

---

[1] 全名为赫敏·格兰杰,是《哈利·波特》系列作品中的一个女性,麦格教授曾送给她一个时间转换器,让她在时间允许的范围之外,学习更多的课程。

英国的BBC，法国的AFP，西班牙语的EFE，德国的《明镜》或《商报》，日本的《朝日新闻》或《日本经济新闻》，印度的TPI等，来自各国的媒体特派记者都希望获得硅谷内部的信息，却不知道应该联系谷歌总部的哪一位工作人员。因此，我成为这些特派记者的对接人，发挥共享信息的作用，使全世界媒体能以正确的信息为基础对谷歌进行报道。在过去三年里，我与六十多位全球的媒体特派记者见面并接受采访、进行圆桌讨论，超越了记者与负责人的关系，作为普通人之间的关系也亲近了。也许是因为这样的努力，驻硅谷的特派记者都说，多亏露易丝，谷歌"打开了大门"。

我接手新职位后，很朴素地开始了工作，从一件件小事开始做起。但关注他人，聆听他们的故事，产生共鸣，传达并连接他们的故事的价值绝对不小。即使不喊宏伟的口号，只要将遗漏的环节连接起来，问题就能得到解决。虽然华丽的成功也很好，但当我听到"因为有露易丝，我的生活变得舒服了"之类的话时，感到非常幸福。当理解他人缺少的东西，并努力将他人缺少和需要的正确传达给他时，就能说服一起工作的人，改变他们的思想意识。开始一件事时，不需要那么宏大的口号，即使是在更大的世界中。

第 26 章

职场妈妈育儿记

我一般不会哭。特别是在公司里,我几乎没有因为工作而哭过。但我在和职场妈妈们对话的时候,一定会哭。我在公司内部设置了很多指导项目或会找机会让大家敞开心扉地一对一聊天。虽然没有给出完全解决问题的建议的能力,但我想只是单纯的倾听也是极大的力量。每当这时,养育孩子的职场妈妈们就会一边诉说辛苦一边哭。我也会跟着哭。

对我来说,育儿实际上是"不劳而获",因为婆婆和妈妈全方位支持了我。我的同事经常会问我:"露易丝,你这样不管孩子也没关系吗?"我对孩子几乎是放养,多亏了我的两位妈妈无微不至地照顾菲利普,我才能不停地工作。因此,我非常放心,也没有因不能亲自照顾孩子而产生歉意或负罪感。

在我看来，让大多数年轻的职场妈妈感到痛苦的并不是工作。她们要兼顾育儿和职场上的工作成果，如果达不到自己的预期，就会感到很苦闷。因为育儿和家务，睡眠也得不到保障，时常很疲惫。又会因为没能与孩子相处更多的时间，而感到抱歉。但更大的压力是源于自己的精神和肉体已经无法像生育前那样集中在工作上。无论如何分担家务和育儿，大多数职场妈妈仍然比职场爸爸要承受更多的问题。同时，她们也会担心自己现在的能力不如生育前能投入全部精力工作的自己，以及担心被在育儿劳动中较为自由的男同事比下去而惴惴不安。

如果不提出解决职场妈妈育儿难题的根本对策（遗憾的是没有这种对策），就无法对有这些苦恼的职场妈妈们提出有用的建议。但是如果因为和孩子在一起的时间不足而产生负罪感，或者不满足于工作的成绩，希望能从我的话中得到一些安慰。

职场妈妈育儿，卷时间不如卷质量

职场妈妈首先要摒弃的，是过于坚持和孩子在一起的足量的时间。比起时间，更重要的是在一起的质量，即使时间很短，也要高质量地一起度过。当然，和孩子们在一起的时间长度也很重要。但我可以很明确地说，孩子们的记忆力不如想象中的好。

据统计，人形成最初记忆的时间平均是三岁，人生记忆最深刻的时期是十五岁到三十岁间。也就是说，不必提前担心孩子长大后会埋怨五岁时某天妈妈没能陪他上幼儿园，或者讨厌因为某个周末上班而没有陪自己的妈妈等。为了培养孩子的情操和修养，你当然关爱和照顾孩子，但你可以减少一些每个瞬间都要为孩子倾注心血的强迫症和负罪感。

每当和孩子在一起时，我就会选择让这段时间留下深刻印象。如果一定要听我的职场妈妈育儿法则，那这就是第一原则。虽然工作时间不能陪伴孩子，有时因为加班甚至很难见一面，但是下班后哪怕只有三十分钟，我也不会看手机，和儿子尽兴玩耍。我的儿子菲利普比较像我，非常喜欢运动。因此在小学低年级时，下班后我会和他在家附近的小学运动场一起踢足球。当然会非常累，跟着不知疲倦的孩子从运动场一边传球到另一边，几乎让我筋疲力尽。但我安慰自己,这样我也跟着他运动了,所以没关系。有一段时间,我们会一起挑选棒球手套,练习传接球和击球。菲利普至今都会说和我一起练习投球和击球的那个时候非常幸福。

一起运动可以培养"战友爱"

从孩子小时候起,寻找几项可以和孩子一起做的运动也是很好的陪伴。在自己喜欢的运动中挑一两项与孩子一起做。这有利于孩子形成运动习惯,最重要的是一起做喜欢的事产生的喜悦有助于建立亲密关系。我喜欢滑雪,从孩子五岁起,每年冬天我们都会一起去滑雪。背着两个人的滑板去滑雪场虽然是一件苦差事,但一起在雪地里打滚度过一天后,对五岁的孩子来说,能感觉到比友情更深的"战友爱"。

提到"战友爱",我与儿子还有一个至今都能笑着说起的小插曲。这是在我儿子菲利普七岁左右时发生的事。那天,菲利普和我在江原道平昌的滑雪场滑了一整天雪,直到缆车都快停止运行了。但我感觉还没有尽兴,于是,我带着说自己已经很累的菲利普坐上了去雪场最远处的缆车。因为是最后一次滑降,我陶醉在自己的快乐中,比孩子先滑了出去。但是过了十分钟、二十分钟，都不见菲利普下来。我等来等去，等了好久只看到巡逻车拖着一个担架下来。而躺在担架上的正是我的儿子菲利普。

竟然发生了这样的事。后来我才知道，菲利普太累了，腿上没有力气，所以滑行的时候没能改变方向，与跟在他后面的滑雪者撞在一起。孩子的腿骨折了，我照顾了他两个月。

孩子应该埋怨我为什么丢下他自己先滑下去了，因为这样他才会受伤。但成熟的菲利普没有这样做，真是让人感激。在那之后，每次去滑雪时，即使凌晨出发，菲利普都会十分愉快地跟着我。"妈妈明天凌晨就要出发。如果你不想去可以不去，我凌晨四点半左右会叫你一次，如果你没起来，我就自己去了。"神奇的是，即使我小声地叫菲利普，他也会一下子快速起床准备出发。也许是无论如何也想和平时因忙工作而不在身边的妈妈一起度过愉快的时光吧。就像职场妈妈努力地创造和子女在一起的时间一样，孩子也在努力。如果这不是"战友爱"，那是什么呢？我找不到更恰当的词。

育儿是自己的哲学,不要与别人比较

在养育菲利普的过程中,我最茫然也最辛苦的是他上小学一二年级时。那时我工作太忙了,连按时读学校发的通知都很难。如果晚一点下班,附近的文具店和超市早就关门了。这时看到学校的通知再准备上学所需的物品,已经晚了。如果是现在,可以利用外卖配送。第二天没有准备要求的东西就送孩子上学,我的心情非常沉重。这时就会莫名对孩子发脾气,埋怨地说:"为什么不提前告诉我?白天也可以打电话或发短信呀。"

紧接着我就产生了这样的想法:应该让孩子自己承担准备物品的责任。职场妈妈的作用不同于全职妈妈的作用。妈妈的作用不是固定的,如果妈妈不能按时下班,可以向家里的其他大人请求帮助或提前联系妈妈,只要制定好这样的原则就行了。如果孩子没有按时写作业、没准备好需要的物品,不必太过烦恼,让孩子自己承担即可。因为这不是职场妈妈的错。

职场妈妈们可能会苦恼自己应该怎么做才能不落后于全职妈妈,至少不能比别人差,甚至还想做得更好。但是,职场妈妈们不能忘记另一个原则,那就是不要与周围的人比较。如果听到其他孩子在做什么、上什么样的补习班、进行了多少提前学习等，父母就会感到不安。经常听到这样的话，自己的教育观就会产生动摇，最后必然被别人推着走。有时我会听到一些毫无根据的话，比如在公司工作越出色的女性，她的孩子就越不能很好地适应学校。只要孩子有一点做得不太好，就会想是不是作为妈妈的我没做到位造成的，越来越焦急。但是，像别人一样把孩子送进这个补习班、那个学习班，也无法消除心中的不安感。

与其这样做，不如听听孩子们的想法，了解他们真正想做的事。菲利普六岁时，有一天说他想学小提琴。可能是幼儿园的朋友也在学小提琴。"好，我们试一试。"我痛快地同意了，同时附加了条件。无论学什么，都至少要坚持两年。小提琴、英语、足球、滑冰……想学什么家里都支持，但一定要学至少两年。六岁的孩子能撑多久啊？虽然我心里没有太大的期待，菲利普还是坚持上了小提琴课。随着他不断长高，其间换了五次不同尺寸的小提琴。到了学习小提琴两年后的某一天，菲利普对我说："妈妈，我拉了两年小提琴，现在我想学钢琴。"

菲利普遵守了与我的两年约定，然后说他想学钢琴。我一时间感慨万千。每次去音乐学院，他应该都很羡慕那些弹钢琴的孩子，但他忍住了这种心情，遵守了与我的约定。菲利普对钢琴的感情如他等待的时间一样深沉，无论是在学校还是在家里都无法集中十分钟以上精力的孩子，竟然被钢琴老师称赞"菲利普进了钢琴教室就不知道出来了"。

菲利普在音乐学院里练习弹钢琴，甚至在那里做作业、吃零食、睡午觉。如果我要加班，他会在我预约的餐厅吃完晚饭后继续练习弹钢琴。对几乎住在音乐学院的菲利普，学院的院长老师也像对自己的孩子一样照顾他。孩子找到了自己真正想做的、能集中精力的事情，这一点已经让我十分感激了。我努力不让孩子感到压力，总是十分小心，不想表现出我已经知道孩子找到了自己真正喜欢的事情，怕会夺走孩子纯粹的快乐。我只需成为孩子的后盾，在他身后默默地支持他。

虽然是结果论，但只在小区音乐学院里学习过钢琴的菲利普，进入了著名的美国伯克利音乐学院。他说如果不报考音乐学院，可能会后悔，所以自己整理了作品集，提交了入学申请。在甚至有人雇用管弦乐队或专业四重奏乐手制作作品集的众多考生中，菲利普凭借自己的创意性挑战了入学考试。也许他的魅力在于没有被父母管束的痕迹。我认为，因为没有父母的干涉，孩子才能找到自己想要的东西，慢慢成长起来。当然，也是因为很幸运地一直遇到了很好的人。

创造分享日常的装置

最后,我还想提一个建议,那就是与孩子一起写家庭日记。现在我还能和已经长大的孩子敞开心扉深入聊各种话题,这得益于从他小时候起我与他进行了很多对话。直到现在,这些对话似乎还在影响着我和孩子的关系,并有助于孩子在人生中掌握重心。

事实上,要保证和孩子有足够多交流的时间并不容易。特别是双职工家庭,有时连碰面的时间都没有。家里的每个人都很忙。丈夫很忙,我也很忙,孩子也很忙,所以我们家开始写家庭日记。我们每年都会在谷歌文档上建立家庭日记本,每天都在文档上记录自己的一天,哪怕只有很短的一句。谷歌文档可以让成员们同时在线使用和观看。即使每天不能见面聊天,一起写日记也会让人感觉时常在一起。

这样写了一整年,文档几乎超过了一百页。当然,随着孩子长大,进入青春期后,他不想写在日记本上的事也逐渐增多。不过那本日记成了我们与孩子连接的线。现在长大成人的菲利普经常谈起小时候的旅行。最近,他突然发来短信说自己看到数年前去南美徒步旅行时所写的家庭日记,感觉记忆犹新。他说翻看以前的家庭日记,时常从过去各种各样的旅行经历中再次获得新的体悟。十多年前的回忆还留存在孩子心里，这让我很高兴。我经常劝说周围的朋友和后辈们利用谷歌文档写家庭日记，但遗憾的是目前还没看到同样这样做的人。我强烈推荐在孩子小的时候就开始做此尝试。

现在我还会这样问孩子："你小时候有没有希望妈妈再多一些时间督促你学习？你觉不觉得我让你玩的时间太多了？因为我总是在工作，很多时间都没能陪你度过，你会觉得遗憾吗？"因为担心孩子说是的，我紧张地问道，结果菲利普这样回答："不，妈妈和我一起度过很多美好时光，我很高兴。而且，我为妈妈一直在工作而感到骄傲，我也很喜欢妈妈和其他妈妈不一样。"听到这样的话，我一直以来的担心就瞬间消失了。

原来我的孩子真心地支持和尊重我努力地工作和生活，他长成为这样的大人，我非常放心。已经二十五岁的菲利普到现在每次跟我打电话都会说一句"妈妈我爱你"，然后再挂断电话。当然，如果旁边有朋友的话，他会压低声音。每当这时，我都会想，我居然把孩子培养得这么好，然后轻轻地拍一拍自己，深感欣慰。

第 27 章
旅途中被儿子花掉百万韩元的故事

从菲利普小时候起,我就时常带他去进行特别的旅行。甚至会给他一张韩国的地图,让他随意指出一个想去的地方。"只要是你指的地方,我都带你去。"作为职场妈妈,我非常忙碌,大部分时间都没法陪伴他。所以,带他去旅行是我抱着以质取胜的心态开始的方法。一个月两三次,单独和妈妈或爸爸去旅行,这样相处的时间的集中度,比在家中时高出十倍。这种旅行的记忆会被孩子久久珍藏。

只要是和你一起,去哪里都可以

旅行目的地?一定要让孩子自己选择。菲利普盯着地图,随意指出一个城市。如果孩子选了釜山、全州、光州等大城市,那么十分幸运了。有时他也会选择像金山、骊州、安城等这类离首尔太近,甚至不值得住一晚,或没什么可看的风景的城市。

有一次菲利普选中了阴城。那时,阴城还不是很有名的旅游地,但又能如何?只要是孩子选中的,我都毫不犹豫地带他出发。不管去哪里,一般都会有乡校和市场。孩子也会觉得那只是自己随便选的地方,妈妈却真的要去那里,觉得很神奇,对旅行也充满兴趣。

如果说我们的旅行还有其他原则,那就是无论远近,都一定要住一晚,旅行要慢慢感受。比起漂亮的酒店或度假村,我一般会选择家庭经营的民宿;交通方式也使用大众交通,多徒步。虽然有人喜欢旅行时在短时间内多看风景、去很多地方,但我想和菲利普一起享受舍弃效率的旅行,哪怕只有一个景点也去慢慢地欣赏、长久感受。当然,这并不是轻松的旅行。旅行是行走与等待的连续,但因为是孩子自己的选择,他都能愉快地同行。一起决定旅行地,一起寻找玩耍的东西,一起走,一起辛苦的话,那段回忆会更深地留在记忆中,也会在旅途中说一些不能在非旅行时说的话。虽然这不能补偿错过陪伴的时间,但我相信他十分享受和我一起旅行的时光。

有时我们会去市场买各种野菜送给菲利普的奶奶,然后再吃一碗面条。因为只有我和孩子一起行动,也许猜测我是单亲妈妈,市场老人们都对我很亲切。那些在公交车上、市场里、街上、民宿里遇到的各种人,都是我想让菲利普感受到的真实的生活面貌。而且我相信,总有一天,我们会回想着这些记忆,开启新的对话。

即使现在还是没有了共鸣,也没法再进行很多对话的旅行,但看到同样的风景、吃同样的食物、感受相同东西的回忆,会随着时间的流逝原封不动地被召唤出来。"妈妈,我那时在那里吃的是酱刀削面吗?"这个回忆又开启了一段新的对话。

与青春期的儿子一起旅行

但母子两人一起的旅行,在孩子进入青春期后,就会成为相当有难度的挑战。二十四小时与激素旺盛的"中二病"儿子在一起,总是一件让人提心吊胆的事情。他有时一天只说一两句话,心情不好的时候一句话都不说,和这样的孩子在一起,虽然表面上无所谓,但内心却非常受伤。和青春期的少年外出旅行,可能每天都会数十次问自己为什么出来旅行,简直是自找苦吃。

十多年前,我和菲利普两个人去西班牙旅行。那次旅行的主题是"足球",小时候随心所欲选择旅行地的菲利普长大了,开始确定主题并选择旅行地。只要是他选择的,我就无条件地带他去。旅行的原则没有例外,因此我默默地跟着菲利普的计划开启了长达两周的旅行。问题是,我们在旅行胜地西班牙整整两周的时间里,他竟然一直待在足球场里。菲利普和我都没有去那些著名的"必去"博物馆和美术馆,而是一直辗转于西班牙有名的足球场间。啊,除了足球,我还想看点别的呀。

看球赛旅行的高潮是西班牙国家德比,就是皇家马德里队和FC巴塞罗那队之间的比赛。去之前,我连国家德比是什么都不知道,那天也只是跟着菲利普去看一场比赛而已。门票当然都售罄了,个人转卖的一张门票价格高达一百万韩元。虽然说我会无条件按照菲利普制订的路线进行旅行,但是面对高达一百万韩元,我想推翻这一原则的心情非常强烈。"再怎么说,一百万韩元也不是一笔小钱,你一定要看一百万韩元一场的比赛吗?"我有些犹豫地问,菲利普用非常坚定的声音这样反问我:"妈妈,你觉得我们这一生还会来西班牙旅行几次?"

"嗯,不好说,再来一次?"

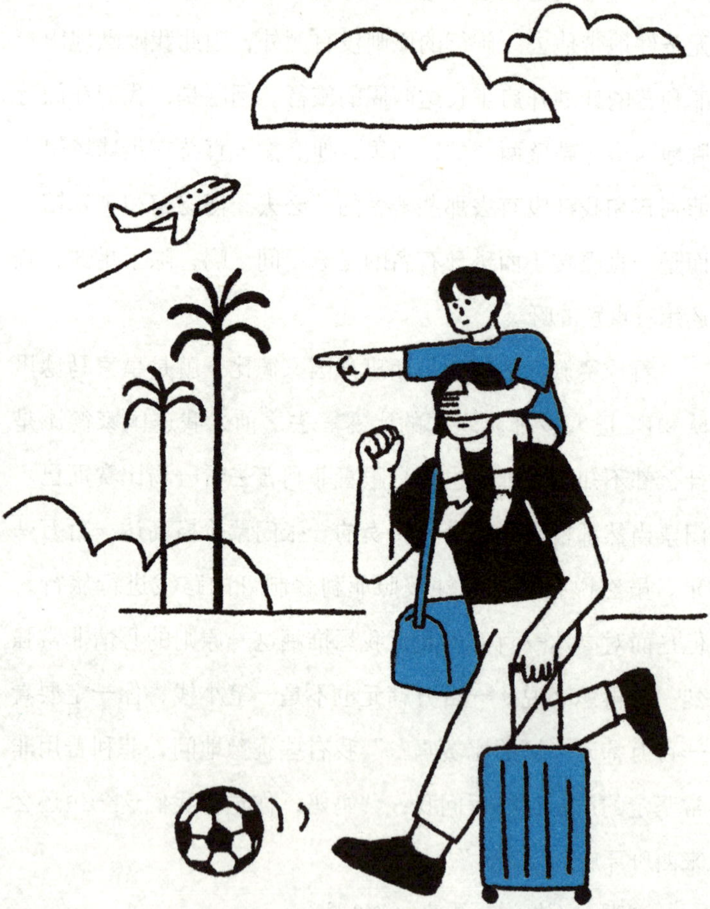

"妈妈,我们这次来西班牙旅行正好赶上一年只有两三次的世纪对决,你觉得下次我们正好能在这个时候来西班牙的可能性有多大?"

"嗯……"

我无法回答。因为菲利普的话逻辑缜密,太有说服力了,我被他说服了。当然我的心情也不坏。菲利普是说服力这么强的孩子吗?我的心里一边赞叹,一边含着泪水开始抢票作战。我安慰自己,还能与一整天只说一两句话的青春期儿子以这种话题对话,这是只有旅行才能带给我的。

此后,我单独与菲利普的旅行仍在继续。现在,二十五岁的菲利普经常提起那时的事,他说虽然自己有点在闹脾气,但没想到我会爽快地买了超过一百万韩元的票。那时他心里想:"我的妈妈果然不一样,她真的在倾听我的话啊。"花了一百万韩元,在十年后的今天还能得到这样的评价,我现在想想也觉得这笔钱花得值。

第 28 章
使用两个姓的理由

让郑金庆淑诞生的女性们

我是一男三女家庭中的小女儿。父母的第一个儿子出生后,连生了三个女儿,他们似乎一直盼望着再生一个男孩才不停地生孩子。长大后我经常听到"你要是男孩就好了""我们还以为你是男孩"之类的话。我心里想,我已经出生了,让我怎么办?当然也曾有伤心的时候,但有时我也希望自己是个男孩。虽然父母看起来没有差别对待儿子和女儿,但是非常隐秘地对儿子有特别的信任和期待,也给予全力支持。这时我和姐姐们很难掩饰住嫉妒的神情。每当我在学校拿到第一名或奖学金证书,回家给父母看时,他们虽然嘴上说别人再有十个儿子也不羡慕,但经常夸我说:"你就是家里的小儿子。"这让我笑不出来。但与当时封建的农村长辈相比,我父母已经是比较开明的人了,我为此而自豪。

后来,我与现在的丈夫在二十四岁时结婚。我的丈夫是宗家宗孙,也就是长子家里的大儿子。跟这个人结婚,我要做宗家的大儿媳妇吗?恋爱时从未想过的陌生的未来让我恐惧。不出所料,婆婆一直到退休为止,每年都要一边上班一边负责十多次祭祀和宗家大小事。

但幸运的是,在我三十多年的职场生涯中,婆婆给我做饭,帮我们照顾孩子,给予了我全方位的支持。婆婆说所有的祭祀都在她这一代结束吧,之后渐渐减少了十多个不同名目的祭祀仪式。在我上班、读研究生期间,我的婆婆还帮忙照顾菲利普。她希望更多的女性能投入时间工作得更久,总是为我感到自豪,始终支持着我的选择。如果没有妈妈和婆婆这两位女性无私的支持和帮助,就不会有谷歌人郑金庆淑的存在。

我们的名字在不断改变

我作为金庆淑生活了二十九年。在三十岁那年,我用"郑金庆淑"这个名字制作了新的名片。我结合了妈妈的姓氏"郑"和爸爸的姓氏"金",改了姓。民法上成人几乎不可能改姓，所以并没有改动户籍上的姓氏。如果保留爸爸的姓氏"金"，在名字部分加入妈妈的姓氏"郑"，改名为"金郑庆淑"，修改户籍可能更容易些，但我想要的是把妈妈的姓氏放在前面。当时我在韩国的摩托罗拉工作，把包括名片在内的所有对外名都修改成郑金庆淑，正式开始使用这个名字。

我的身份证上依然是金庆淑。但是叫了二十多年新名字后，我对郑金庆淑这个称呼已经非常熟悉，遇见以前的朋友们叫我金庆淑时，感觉在说别人的名字一样，有些尴尬。在工作中认识的人也许是不熟悉两个姓的称呼，直到现在偶尔还会有人叫我"金专务"或者"郑专务"，也有人记不清楚两个姓的顺序，叫我"金郑专务"。我想，只要收到我名片的人能至少思考一次我使用两个姓这件事就足够了。

在收到新名片的那天，我把第一张新名片送给了妈妈。"妈妈，是你让我来到这个世界上的，你是我的一半。"

拿到刻有"郑金庆淑"新名字的名片后，我的妈妈热泪盈眶。这样来看，真的是一个不错的决定。我想告诉妈妈，不是别人，而是她成就了现在的我。这一天是我们超越母女关系，作为女性和女性产生联结并重生的日子。那天以后，妈妈不再是接受小女儿撒娇的母亲，成了活跃在大大小小共同体中的女性。感觉我们之间的关系变得更亲近了。

但是几年前,我遇见某家媒体的见习记者。她的名片上只写了"京华(假名)"两个字。我想当然地以为她的名字是单字,称赞她的名字很特别。那位朋友回答说:"不,我把父母的姓去掉了,只写名字。最重要的是自己不是吗?"

不是因为那位朋友不尊敬父母或轻视他们。比起继承,她更看重自己创造的东西。我这一代的人苦恼应该用妈妈的姓还是爸爸的姓,而他们更进一步,把重心转移到自己身上,去掉父母的姓氏。我对这位朋友的话产生了共鸣。像这样,女性的社会自我正在逐渐进化,为了实现自我而展开的思考和实践也变得多种多样。我能做的就是夯实道路,让更多的女性可以发挥更大的影响力。我想成为谁的榜样的想法一天比一天更深了。

第 29 章
职场经验超过一百年的联结

在职场上,既成为我们的力量,又最让我们辛苦的就是"人"。下班回家后,家人或住在一起的伙伴可能会这样问你:"今天公司里都发生什么事了?"每当这时,你可能会苦恼应该从哪里开始说,说到什么程度呢?结果最后总是含糊其词地表示说来话长,匆匆结束了话题。我也一样。我身边不仅有家人,还有高中时的"挚友",一起运动的朋友,以及在其他公司工作时认识的朋友,奇怪的是总有些不能轻松吐露的话题,大多是在公司里遇到的困难或苦恼。不是因为不想说,而是要说起前因后果,一定会非常冗长,或者又好像是在背后说公司的坏话,所以很难开启这样的话题。

这种时候,如果能在公司里有志趣相投且能坦诚地吐露想法、值得信赖的人该有多好。就像上学时,比起学东西的乐趣，更多的是因为想去见学校里的朋友，想和朋友一起玩。如果在职场中有这样的朋友，上班就不会那么辛苦了。人们常说，脑袋越大越不好交朋友。甚至散播不要期待在大学以后还能交到朋友的恐怖言论，信誓旦旦地警告年轻人，说职场不是用来交朋友的。但是我绝对不同意这句话。

我最大的支持者——同事们

如果有人问我："支撑你职业生涯的支持系统是什么？"我会毫不犹豫回答："是Fin.K.L（啊，也许还有不知道歌手组合Fin.K.L的人吧）。"我有一个三十多岁时相遇、持续近二十年友情的四人"死党"聊天群。因为是四名女性聚在一起的群聊，我们的非正式名称就叫"Fin.K.L"。我们是怎么认识的？三十多岁时，我们四个人都在韩国礼来公司工作，是要好的同事。虽然分属不同的部门，但偶然间一起喝咖啡聊天时，公司里为数不多的女职员互相分享苦恼，逐渐亲近起来。

经营/营销调查、宣传/营销、人事、财务，我们四个人在不同领域积累专业的经验和知识，在职场上的时间加起来超过一百年。有人开玩笑说，我们四个人聚在一起甚至可以开设MBA课程。我们每隔一两个月组织聚会，能叽叽喳喳不停地聊三四个小时。这些对话不仅消解了压力，也融入了超过一百年的职场经验和智慧，以及用开放的心态提出的建议。我们四个人都已经超过五十岁了，现在仍然能自信地驰骋在职场上，我们之间相互鼓励和支持的力量起到了很大的作用。

没有比联结更强有力的力量

在公司里，埋头于自己的工作时，会变得对其他事情毫不关心，不知不觉间会封闭在自己这一领域的孤岛上。积累更多的经验和更加深入的专业性，也意味着自己的领域变得越来越狭小。这时与其他部门的同事互相分享专业的经验非常重要，工作每一个部门都相互关联。如果能定期与其他部门的人沟通，就能了解新的概念或趋势，也自然而然地知道其他团队正在做什么事，他们主要关心什么，这与公司整体的业务有什么关系等。

像这样形成有意义的网络，并由此增加接触更多领域和视角的机会，更大范围地去收集信息，与各种各样的人交换影响力等，这种获得收益的方式被称为"关系资本"，也就是关系所带来的金钱以上的利益。

仅仅是看着三个朋友在职场上的工作，我就能获得巨大的勇气和刺激。曾从事经营支援业务的杰奎琳调动到人事部后，在短时间内掌握人事领域的专业，得到组织的认可。她以与职员们之间的信赖关系为基础，完美地解决了复杂困难的事情。正是因为她，我才能把握公司的动向，理解管理层的用意，也明白了以人为本的人事负责人的作用。

另一个朋友敏英是市场营销调研专家。与总是以高音调出现在各处的我相比，敏英在任何情况下都不会露出紧张的神色，她沉着冷静地解决问题的样子让我着迷。敏英在会议上展示市场数据，用冷静、清晰的声音引导主要决策，后来因出色的市场营销专业，成为一家生物技术公司的代表。敏英因宽厚的经营之道深受职员信赖，她至今仍然让我受到触动。

作为公司财务中层管理者的艾伦，拥有我最不擅长的东西——对数字的敏感度——因此也成了我的好朋友。事实上，直到工作的第十年，我仍然无知地以为，财务部门就是每次削减活动预算、处理职员报销费用的部门。在与艾伦交往的过程中，我逐渐明白，财务能够展望公司整体发展的方向，用营销思想预测市场，并以财务专业来规划业务。即使我负责某个部门的业务，也会努力地从宏观的角度思考公司的整体运营和方向，这都是她带给我的影响。

我这个同事网络的最大优点，就是我们在公司内部有了强力的支持者。因为所属不同部门，我们的评价标准各不相同，所以比起竞争关系，更容易形成相互支持、督促成长的关系。当我考虑是否从公关职位转到营销职位时，我的同事给我提供了最关键的建议。从了解公司情况和趋势的同事那里能听到最贴切的建议，同时也可以从不同部门专家的角度出发，听取合理的意见。

就这样，我们四个人三十多岁时相遇，现在都在各自的位置上壮大了自己的事业。一开始，其中的一两个人换了公司，最后四个人都跳槽到不同的公司工作时，我们之间的凝聚力却更强了，友情越来越深厚。我们四个人都突破了中层管理级别，升任到各自组织的C级别。时常分享在不同行业或公司里积累的洞察，我们更加需要彼此了。当时在人事部门任职的杰奎琳现在成为一家制药公司的人事负责人，营销调研组的敏英成为生物技术公司的代表，财务组的艾伦在一家国际非营利机构担任财务总监。

女性的联结助力各自的成功

就这样，我们互相成为对方的导师和支持者，互相助力着对方的成功。这是我想向所有人夸耀的支持系统。从某种角度来看，这是我迄今为止职场中留下的最大资产。我们四个人都生了孩子，也作为职场妈妈成为二十年的知己好友。生了双胞胎的艾伦结束育儿假后，我们"Fin.K.L"小队比任何人都更加热烈地祝贺并鼓励她重新投入职场。

无论何时、无论发生任何事情，我们都像对待自己的事一样照顾对方，互相提出建议。仅仅是有人倾听已经是极大的力量，能有可以咨询建议的人让我感到非常安心。来到美国后，我也经常通过社交媒体与她们分享日常生活。不仅如此，还会分享每天学到的新的英语表达方式，一起学习英语。面对独自难以坚持或容易疲惫的事，我们成为彼此坚实的后盾。

如果将此称为女性之间的联结，那也很不错。在职场或人生的旅程中，如果不与同一时期有同样苦恼的朋友产生联结，还能和谁分享这些心情呢？如果职场上只有竞争和嫉妒，我们无法很好地工作，也不可能每天都那样熬着过日子。为了刺激自己进步，我们需要一些竞争，但当它成为生活的全部时，我们也会很容易感到疲惫。

比起竞争，联结更容易也更持久。如果能找到超越竞争关系、能共同成长的同事，你的职场能走得更远、更幸福。因为只有联结才是成长的根本动力。当然，有时候，眼前的事情太忙了，我们很难关注到其他同事在做什么。而且随着时间的推移，这种倾向会越来越强。因为你的关注也会疲惫和衰减。

但是，如果这时有能成为后盾的伙伴，他们就会牵着你的手，引领你走向世界。他们为你加油：不要倒下，振作起来；你能做成任何事情，我支持你。所以，现在马上走出去，和其他组的同事说说话吧。对想成为朋友的同事说："今天下班后要不要一起去吃五花肉？"或者对喜欢喝咖啡的同事说："一起喝杯咖啡吧？"敞开心门，发出邀请。一定会遇到某个能成为你坚实后盾的人。

后记

当内心感到焦躁不安时，回头看一看

有时，我们会想我现在做的还好吗？我走的这条路是正确的吗？和别人比较时总觉得落后很多，因而比平时更加沮丧。本来是一件非常有信心的事情，能让自己感到快乐的事情，却因为小小的失误而不自信或者无精打采。每当这样的时候我们都会怀疑自己，不敢再施展拳脚。如果产生了"这条路也许不是我的路吧"的想法，请深呼吸，并与自己做的事保持适当的距离，最好能回头看一看自己的日常。我下面的这些唠叨请当作一种确认清单，请对照着检查自己的一天吧。

1. 体力也是实力

身体疲倦了心也很难坚持。犯下很大的失误或事情一筹莫展时，保持良好的身体状态，就能产生解决问题的意志；如果身体的状态不好，那你会更加失落和绝望。心灵的轻松来自身体的力量。如果你很努力地工作，却对每件事都没有自信、消极对待，那最好检查一下自己的体力是不是很快就要耗尽，平时为身体投入了多少时间。

2. 持续学习新事物，为大脑填满"燃料"

每天苦苦挣扎，被工作伤害，不断消耗自己时，就会忘记填满自己的方法。正如盲目向前奔跑，结果体力不支晕倒的马一样，不填充我们的大脑就会感到疲惫。请在职业倦怠到来之前，投入时间在成长上吧。不仅是为了职业发展的学习，任何一种学习都会为我们的人生增添活力。

3. 哪怕只是暂时的，也请培养一个可以全身心投入的兴趣

兴趣不是奢侈品，而是必需品。长期坚持的兴趣让我们在急速变化的职场中能不随波逐流，是支撑我们的坚固重心。与工作和家庭保持距离、只专注于自己时，反而能获得回归日常的力量。旅行、乐器、运动，再小的兴趣也好，请长久地、集中地、坚持自己喜欢的事情吧。做不好也没关系，我们又不是要做专业选手。

4. 和朋友相处

独自做一件事时，虽然可以很高效地完成，但要做更大的事或长久做一件事需要他人的帮助。不管是运动还是英语

学习，和其他人一起做能坚持更久。职场上也是这样。比起因为对我没有多大帮助而划清界限，和大家组成团队、相互帮助，建立一个相互帮助的"支持体系"更加有用。世界上没有比相互联结更具有强大的力量。

5. 不要思虑过多

在开始一件事之前，我们会思考和担忧很多。与其担忧遥远的未来，总是惴惴不安，结果什么事情也不能做，不如不管怎样，先开始做自己能做的事情，这样会有助于创造更光明的未来。当事情的进展不如预期、焦躁不安时，请承认此刻的现实，并这样对自己说："没办法啊，世界不会因此而裂成两半。"即使现在还没有成功或者看起来迟了，但永远都不会迟到。

致谢

在出版这本书的过程中我得到了很多人的帮助。在两年多的新冠疫情期间,日程表中标黄色的"多怡&露易丝Call"给了我很多力量。熊津ThinkBig单行本事业本部的编辑郑多怡科长每周都会与我通话,相互确认健康状况,互相加油打气,可以说我们是"坚定的战友"。真的非常感谢!

听到图书出版的消息后,比任何人都高兴的"Fin.K.L"四人聊天群。敏英、艾伦、杰奎琳,我们继续展现女性联结的力量吧!在过去的十五年里,总是让我期待着去公司的谷歌同事们(也包括前同事们),感谢今天也分享着愉快且有价值的经验和成长的各位谷歌人。以及现在还会说着"妈妈我爱你",并为我加油打气的预备职场人菲利普。菲利普,谢谢你健康地长大,成人的世界并不容易,但不要焦急,我们做长远的计划。妈妈直到现在都在愉快地工作,不是吗?即使失败几次,人生还长着呢!

过去的三十年里让我安心在职场奋斗,永远支持我的家人们,尤其是我的婆婆和妈妈;让我成为"闪电露易丝",

分享了十四年击剑之爱的剑道朋友们；练习七年都没能吹出声音仍然没有放弃我的大笒老师；让我明白多样性、为今天也能鼓起勇气坚持"我本来的样子"的朋友们，真诚地感谢你们。

啊，还有！今天我在商场里想买一条"运动裤（jogger）"，商场员工听不懂我的发音，我只好把拼写告诉对方。他纠正我应该发音"贾克斯（joggers）"，非常感谢！为了练习发音，我甚至跑了五个商场说我要买"贾克斯"，也十分感谢亲切接待我的商场员工们！

希望我们能都做自己喜欢的事，
享受做事的乐趣，
在职场上坚持得更久。
继续走下去吧！
我们还有体力，不是吗？